跟世界冠军一起玩
VEX IQ
二代机器人

王昕 熊春奎 季茂生◎主编

 化学工业出版社
·北京·

内容简介

《跟世界冠军一起玩VEX IQ二代机器人》一书从机器人的特点和基本概念出发，全面而深入地介绍了VEX IQ二代机器人的相关知识。本书首先介绍了VEX IQ机器人的特点、比赛内容和注意事项；接着详细讲解了VEX IQ二代机器人的硬件组成和软件编程，包括各种控制类、信号与运动类、结构类硬件的介绍，以及VEXcode编程软件的使用方法和指令块功能。此外，书中还提供了大量经典案例，帮助读者更好地理解机器人的应用和实践。这些案例不仅具有代表性，而且富有创意，能够激发读者的学习兴趣和创新思维。

本书内容丰富、结构清晰，适合对VEX IQ机器人感兴趣的读者阅读，也适合科技馆、少年宫等机构作为培训参考。

让我们一起跟随世界冠军的脚步，探索VEX IQ机器人的奥秘，开启一段精彩的机器人之旅吧！

图书在版编目（CIP）数据

跟世界冠军一起玩VEX IQ二代机器人 / 王昕，熊春奎，季茂生主编. --北京 ：化学工业出版社，2024.7（2025.2重印）
ISBN 978-7-122-45621-2

Ⅰ.①跟… Ⅱ.①王… ②熊… ③季… Ⅲ.①机器人 Ⅳ.①TP242

中国国家版本馆CIP数据核字（2024）第094351号

责任编辑：曾　越　　　　　　装帧设计：王晓宇
责任校对：宋　夏

出版发行：化学工业出版社
　　　　　（北京市东城区青年湖南街13号　邮政编码100011）
印　　装：涿州市般润文化传播有限公司
710mm×1000mm　1/16　印张17¼　字数305千字
2025年2月北京第1版第2次印刷

购书咨询：010-64518888　　　售后服务：010-64518899
网　　址：http://www.cip.com.cn
凡购买本书，如有缺损质量问题，本社销售中心负责调换。

定　　价：99.00元　　　　　　版权所有　违者必究

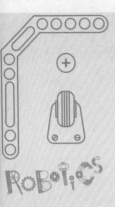

编写人员名单

主　编

王　昕　北京市西城区青少年科学技术馆

熊春奎　天津市南开区科技实验小学

季茂生　北京市数字教育中心

副主编

邴雨霏　吉林大学

陈　禹　吉林大学

殷治纲　中国社会科学院语言研究所

高俪娟　吉林省坐标创新科技发展有限公司

吴　毅　北京第一实验小学

马萍萍　北京市第十三中学

庄　睿　北京市海淀区人北实验学校

侯陌阳　西安市铁一中学

郭洪美　天津市南开区科技实验小学

本书特约顾问

张　莉

参编人员

秦　健　王俊华　石　林　袁　飞　张德雷

殷启宸　郭轩铭　温宇轩　赵　俊　朱星兆

谢　鹏　何继华　刘　霄　尚章华　王睿熙

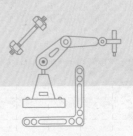

VEX机器人世锦赛获奖荣誉展

1.2023—2024赛季VEX机器人世锦赛（VEX IQ项目）

🏆 初中组世界亚军、分区冠军（15159A队）

队员：尹常懿　徐涵易　徐曦月　李健辛

🏆 小学组分区季军（15159D队）

队员：陈骏毅　田雨哲　陈漪芃

🏆 小学组分区第四名（15159H队）

队员：刘子衿　俞桢铭　王铭泽

🏆 初中组亚锦赛全能奖、技能赛冠军（15159A队）

队员：尹常懿　李健辛　徐涵易　周筠函

2. 2022—2023赛季VEX机器人世锦赛（VEX IQ项目）

🏆 初中组惊奇奖、分区第一名（15159B队）

队员：靖子健　孙知遥　施玮烨　相泽舟

🏆 小学组分区季军、巧思奖（15159C队）

队员：赵殿骁、王鹏翔

🏆 小学组分区第一名（88299A队、88299E队）

队员：杨昊天、周筠函、张峻铭、张钰峰

🏆 小学组亚洲公开赛总亚军（88299C队）

队员：张子上、汪恺元

🏆 小学组全国总冠军（88299A队）

队员：杨昊天、周筠函

🏆 小学组全国总亚军（15159H队）

队员：刘子衿、俞桢铭

3. 2021—2022赛季VEX机器人世锦赛（VEX IQ项目）

🏆 **初中组全能奖（15159B队）**

队员：靖子健、孙知遥、施玮烨

🏆 **初中组全国总冠军（15159B队）**

队员：靖子健、孙知遥、施玮烨

🏆 **小学组全国总亚军（88299C队）**

队员：张子上、汪恺元

🏆 **小学组全国总季军（88299A队）**

队员：冉晓墨、杨宸

优秀队员：郭轩铭、贺小迪、韩念捷、臧或加、谭源楚、刘皓晨、李健辛、商乐遥、杨昊天、付佳奇

4. 2020—2021赛季VEX机器人世锦赛（VEX IQ项目小学组）

🏆 **全能奖（88299B队）**

队员：郭轩铭、周景煊、王彦哲、韩念捷

🏆 **全国总冠军、全能奖（88299B队）**

队员：郭轩铭、周景煊、王彦哲、韩念捷

🏆 **全国总亚军（88299V队）**

队员：贺小迪、叶颖悠

优秀队员：周锦源、赵博昊、张子上、汪恺元、冉晓墨

5. 2019—2020赛季VEX机器人世锦赛（VEX IQ项目小学组）

🏆 **世界冠军、分区赛冠军（88299A队）**

队员：张函斌、罗逸轩、李子赫、周锦源

🏆 **世界亚军、分区赛冠军（88299B队）**

队员：李梁祎宸、郭轩铭、邵嘉懿

🏆 **分区赛亚军（88299F队）**

队员：缪立言、张以恒

🏆 **分区赛季军（15159D队）**

队员：樊响、袁铎文

🏆 **分区赛季军（15159V队）**

队员：白洪熠、曾强、刘派、吴政东

🏆 **分区赛季军（88299D队）**

队员：王子瑞、刘宜轩、刘翛然

6. 2018—2019赛季VEX机器人世锦赛（VEX IQ项目小学组）

🏆 **世界冠军、分区赛冠军（88299A队）**

队员：刘慷然、张函斌、罗逸轩、周佳然、顾嘉伦

🏆 **分区赛冠军（88299B队）**

队员：张亦扬、刘逸杨、李梁祎宸、童思源、王子瑞

🏆 **分区赛冠军（88299D队）**

队员：高子昂、王晨宇、宋思铭

7. 2017—2018赛季VEX机器人世锦赛（VEX IQ项目小学组）

🏆 **世界冠军、分区赛冠军、活力奖（88299B队）**

队员：郭奕彭、张亦扬、刘逸杨、李中云

🏆 **分区赛冠军、建造奖（88299C队）**

队员：徐乃迅、信淏然、童思源、赵致睿

VEX机器人（VEX ROBOTICS）是由美国创首国际（Innovation First International，简称IFI）创立的教育机器人系列，包括了VEX 123、VEX GO、VEX IQ、VEX VRC、VEX U以及VEX AI等多个系列，提供了从学龄前到大学阶段完整的教学体系和竞赛体系。

VEX机器人竞赛是世界上影响力最大、参与人数最多的机器人竞赛运动。目前全世界有七十多个国家的二万多支战队在参与VEX竞赛。国内队伍可以参与的竞赛包括区域赛（如华北区赛、华东区赛等）、中国赛、洲际赛（亚洲锦标赛、亚洲公开赛）和世界锦标赛。VEX机器人世界锦标赛是VEX竞赛中级别最高的比赛。自2016年以来，它多次被吉尼斯世界纪录确认为世界规模最大的机器人竞赛（the largest robotics competition on Earth）。2020年，VEX机器人世界锦标赛改为线上虚拟比赛（VEX Robotics Virtual World Celebration），又被吉尼斯世界纪录认证为世界参与人数最多的线上机器人赛事。

近年来，中国竞赛队在VEX机器人世界锦标赛上取得了优异成绩。尤其是北京市西城区青少年科技馆代表队，在2017—2020赛季创造了VEX机器人世界锦标赛历史上唯一的"三连冠"纪录，受到了中央电视台、北京电视台、中国青年报等媒体的专访，引起了社会和业界的广泛关注。

为了使更多青少年更好地学习VEX IQ机器人课程，由北京市西城区青少年科技馆世界冠军教练王昕老师带领的团队根据新一代产品特性精心编写了《跟世界冠军一起玩VEX IQ二代机器人》，介绍VEX IQ机器人的特点、教育价值以及竞赛体系，并特别介绍了VEX IQ二代机器人的最新知识和技术。本书主要有以下特点。

一、介绍了VEX IQ二代机器人的最新知识，并设计了新的教学案例。2021年，VEX IQ机器人推出了第二代产品。与第一代产品相比，VEX IQ二代机器人功能进行了多方面的改进，如主控器升级为彩色屏幕、新增了编程语言、遥控器增加了按键、新增了传感器和配件，另外传感器功能和性能也进行了升级。本书根据VEX IQ

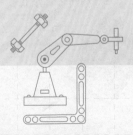

二代机器人产品的功能和特性重新编写了内容和案例，可以让学习者及时了解和掌握VEX IQ二代机器人的相关知识。

二、将STEM教育理念融入VEX IQ机器人教育过程。VEX IQ机器人的设计搭建和程序编写过程包含了很多STEM知识。STEM是科学（Science）、技术（Technology）、工程（Engineering）和数学（Mathematics）的英语首字母缩写。这个过程丰富了学生们的知识技能，锻炼了他们的思维能力和实践能力，对提高学生们的综合知识能力有很大帮助。

三、将"全素质"教育理念融入VEX IQ机器人教育过程。本书不仅教授学生们VEX IQ机器人知识，还鼓励大家参与相关竞赛，在学习、训练和竞赛中去锻炼多方面的能力和素质。VEX IQ机器人竞赛体系是个微缩版的社会模型，其中蕴含着合作共赢、拼搏进取、项目管理等诸多规律。比赛过程中，学生们有机会学习如何处理与自我的关系、与他人的关系，以及与社会的关系。根据以往教育经验，有过丰富VEX IQ竞赛经历的优秀选手，其自信心、拼搏精神、团队精神、自我管理能力、沟通合作能力、抗挫折能力通常都会有显著提高。另外，队员在竞赛队中通常会根据自身特点承担不同的职责分工，这也是一个很好的早期职业探索过程。

综上所述，我们希望通过VEX IQ机器人教育和竞赛体系，来帮助全社会少年儿童更好地学习、成长。

本书共4章。第1章对VEX IQ机器人进行了概括性介绍；第2章深入介绍了VEX IQ二代机器人的硬件知识，包括其主要功能、改进点以及新增的传感器和配件；第3章专注于VEX IQ二代机器人的软件知识，详细介绍了VEXcode IQ软件的使用方法和技巧；第4章精选了VEX IQ二代机器人教学案例，通过这些案例，读者可以深入了解传感器的使用方法及编程的思路，从而掌握VEX IQ机器人的搭建技巧和编程知识。

本书可以作为VEX IQ机器人学习者用书、教师参考用书，也可以作为机器人竞赛选手参考用书。

由于编者知识水平所限，书中难免存在不妥之处，敬请读者批评指正。

编者

目录

第3章

VEX IQ 二代机器人软件

第 1 章
VEX IQ 机器人概述

VEX机器人（VEX ROBOTICS）是由创首国际（Innovation First International，简称IFI）2004年创建的全球领先的教育机器人平台，曾在2006年国际消费电子产品展（CES）中被评为"最佳创新奖"。该系列机器人包括了VEX 123、VEX GO、VEX IQ、VEX V5、VEX Pro等不同等级的机器人产品，提供了从学龄前、小学、中学到大学的完整的产品和教学系列。在这些产品中，VEX 123主要面向4 ~ 7岁儿童，VEX GO 面向5 ~ 9岁儿童，VEX IQ面向8 ~ 13岁少年，VEX V5面向11岁以上的青少年。VEX也有专门 为VEX U、FRC（FIRST Robotics Competition）、FTC（FIRST Tech Challenge）等高级别竞赛推出的VEX Pro产品。

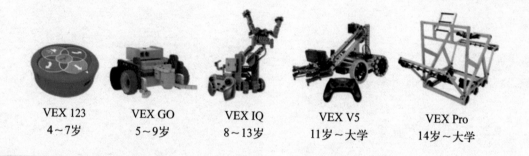

| VEX 123 | VEX GO | VEX IQ | VEX V5 | VEX Pro |
| 4~7岁 | 5~9岁 | 8~13岁 | 11岁~大学 | 14岁~大学 |

1.1　VEX IQ 机器人特点

在本书中，我们将聚焦VEX IQ机器人项目。学生可以通过VEX IQ机器人课堂教学和机器人比赛，激发对科学、技术、工程、人文和数学领域的兴趣，开发创造力和创新力。

VEX IQ机器人的特点如下。

① 具有齐全的机器人主机、传感器、结构部件等，可以设计和搭建丰富多样的机器人产品，并且其软硬件设计的整体知识要求和VEX V5等类似，可以为以后学习和制作高阶机器人打下坚实的基础。

② 主要零部件为ABS塑料，电机和传感器功率较小，产品安全性高。

③ 使用的编程软件不仅有代码式编程工具，还有图形化编程工具，更便于低年龄段学生入门学习。

④ 零部件价格相对便宜，且可以重复使用，是一种经济实用的产品。

⑤ 它制作的机器人体积、重量相对较小（长、宽、高尺寸一般在50cm以内，重量一般在5kg以内），更适合儿童使用和携带。

2021年11月，创首国际推出了VEX IQ二代机器人产品。与第一代产品相比，VEX IQ二代机器人功能进行了多方面的改进，如主控器升级为彩色屏幕、新增了编程语言、遥控器增加了按键、新增了传感器和配件，另外传感器功能和性能也进行了升级。本书根据VEX IQ二代机器人产品的功能和特性编写，可以让学习者及时了解和掌握VEX IQ二代机器人的相关知识。

1.2　VEX IQ 机器人比赛

VEX机器人比赛是世界上影响力最大、参与人数最多的机器人竞赛运动。根据VEX官方网站数据显示，截至2021年，全世界有70多个国家、2.7万多支赛队以及百万以上学生参与VEX机器人活动和竞赛。

VEX机器人竞赛在国内有多种参与渠道。

第一类是VEX机器人世界锦标赛，由机器人竞赛与教育基金会主办，是一项面向全球小学生到大学生的机器人比赛。机器人竞赛与教育基金会（The Robotics Education Competition Foundation，简称"REC基金会"）是一家非营利性的组织机构。REC基金会通过世界领先的机器人教育平台，让学生参与实践、提高学生对STEM领域的兴趣和参与度，激励学生在STEM教育中脱颖而出。VEX机器人世界锦标赛于2016年首次被载入吉尼斯世界纪录，被认证为全球规模最大、参与人数最多的机器人比赛（the largest robotics competition on Earth）。2018年4月，VEX机器人世界锦标赛凭借1648支队伍的参与规模，再次刷新自己保持的此项吉尼斯世界纪录。2021年5月，VEX线上世锦赛又被吉尼斯世界纪录认证为全世界最大的线上机器人赛事。世界锦标赛有一系列选拔赛，国内队伍可以参与的竞赛包括区域赛（如华北区赛、华东区赛等）、中国赛、洲际赛（亚洲锦标赛、亚洲公开赛）。每级选拔赛排名靠前的优胜队伍可以参加更高一级的赛事。VEX机器人世界锦标赛是目前VEX机器人在世界范围内的最高级别赛事。

第二类是每年度由中华人民共和国教育部公布的中小学全国竞赛"白名单"中的竞赛，例如中国电子学会主办的世界机器人大赛，以及由国内各级教委、科协等部门主办的竞赛系列，如中国青少年机器人竞赛、学生机器人智能大赛等。

这一类竞赛因为是被教委官方认可的，所以含金量很高，历来受学校和师生重视，其国内影响力并不逊色于前类赛事。

第三类是由其他社会机构组织的机器人比赛。这类比赛包括一些友谊赛或者邀请赛等，其影响力相对于前两类比赛要小，更多的是起到交流知识、增加经验、锻炼队伍的作用。

1.2.1 VEX IQ机器人比赛内容

VEX IQ机器人比赛一般包括团队协作挑战赛和技能挑战赛，其中，技能挑战赛又分手动技能挑战赛和自动技能挑战赛。另外还会根据赛队工程笔记、面试及综合表现等情况由大赛评审确定出"评审"类奖项。

团队协作挑战赛和技能挑战赛均使用相同的比赛场地。

（1）团队协作挑战赛

团队协作挑战赛是赛事中分量最重、竞争最激烈的比赛。较大赛事一般会分成预赛和决赛两个阶段进行。规模较小、参赛队较少的比赛中，团队协作赛也可不设决赛，直接由各队（预赛）的平均分决定比赛名次。

预赛通常分为6 ~ 10轮（根据每次赛事规则而定），所有参赛队伍根据赛事软件随机确定每轮临时合作的队伍。

比赛时，该轮次两支临时合作的队伍组成联队一起完成任务。每支战队派出两名操控选手和一台机器人上场。在规定比赛时间内（一分钟），两队要尽可能获得高分。两队获得的总分将分别记为每队该轮得分。例如在某场比赛中，A队获得66分，B队获得70分，两队总分136分。则该场比赛，A队和B队成绩均计为136分。

资格赛所有轮次比完后，每队去掉一定数量（每四轮系统自动去掉一个）最低分数后，计算平均分。平均分靠前的偶数支队伍（数量根据每次赛事规则而定，不超过40支）进入决赛。

决赛阶段，各队同样根据资格赛排名两两组成合作联队。决赛中，得分最高的合作联队将共同获得团队协作挑战赛冠军称号。当决赛分数第一并且有并列的情况，按规则加赛一场，决出冠军。除第一名以外有相同分数的队伍，不会再有加赛，资格赛排名较高联队获得更高排名。

（2）技能挑战赛

机器人技能挑战赛包括手动技能挑战赛和自动技能挑战赛两个阶段。

手动技能挑战赛阶段，每支报名参赛的队伍独立进行比赛，没有合作联队。

比赛时，参赛队派两名操控选手和一台机器人比赛，要在规定时间（一分钟）内获得尽可能多的分数。计分规则和团队协作挑战赛相同。

自动技能挑战赛阶段，每支报名参赛的队伍仍然是独立进行比赛。但比赛时选手不得操控机器人，而是要通过启动事先编好的程序控制机器人自动运行，在规定时间（一分钟）内获得尽可能多的分数。

最高的手动技能挑战赛和自动技能挑战赛的成绩之和为该队技能挑战赛总分。各队依照总分高低决定最终技能赛名次。

（3）评审奖

VEX赛事中的评审奖包括全能奖（Excellece Award）、设计奖（Design Award）、创新奖（Innovate Award）、巧思奖（Think Award）、惊彩奖（Amaze Award）、建造奖（Build Award）、创意奖（Create Award）、竞赛精神奖（Sportsmanship Award）、活力奖（Energy Award）、评审奖（Judges Award）、出色女孩奖（Excellence Girl Award）等，赛事方会根据参赛队伍的数量设置多个奖项。

（4）历年竞赛主题

每个赛季之初，VEX IQ官方组织都会推出新赛季的竞赛主题。各赛季主题的内容、规则、策略物都不相同。VEX IQ近几个赛季的竞赛主题如下。

- 2023 ~ 2024：Full Volume（满载而归）。
- 2022 ~ 2023：Slapshot（飞金点石）。
- 2021 ~ 2022：Pitching In（百发百中）。
- 2020 ~ 2021：Rise Above（拔地而起）。
- 2019 ~ 2020：Squared Away（天圆地方）。
- 2018 ~ 2019：Next Level（更上层楼）。
- 2017 ~ 2018：Ring Master（环环相扣）。
- 2016 ~ 2017：Crossover（极速过渡）。
- 2015 ~ 2016：Bank Shot（狂飙投篮）。
- 2014 ~ 2015：Highrise（摩天高楼）。
- 2013 ~ 2014：Add It Up。

1.2.2 比赛战队的组建

参加VEX IQ机器人比赛的队伍一般由2 ~ 8名队员和教练员组成。不过根据经验，一般认为每支队伍4 ~ 5名队员为宜。因为队伍人数过少的话，队员的任务过于集中，容易顾此失彼，出现纰漏。队伍人数过多的话，有些队员则会因任务过少而缺乏参与感，甚至无所事事。根据比赛中的任务，战队成员一般有以下几种角色。

（1）机器人操作手

根据比赛规则，每支参加团队协作挑战赛的队伍至少要有2名操控队员，负责操作和控制机器人。他们一般由队中操控机器人水平最高的队员组成。比赛时，每局协作赛有60秒时间。战队第一名操作手负责前25秒的操控，然后在第25～35秒时进行两名操作手的更替（交换遥控器），由第二名操作手负责后半段的操控至比赛结束。

此外，有些战队也会多配置一名后备操控手，以便在主力操控手有特殊情况时可以随时替换。

（2）搭建员

搭建员是指队伍中搭建机器人的队员，成人不能作为战队的搭建员。

（3）设计员

设计员是指队伍中负责设计机器人的队员。根据规则，将赛季整个大的任务分解为小的子任务，解决每个子任务也就完成了赛季任务。

（4）程序员

程序员是指队伍中负责编写下载到机器人中的代码的队员，包括手动程序和自动程序。所有程序都需要耐心调试，尤其是自动程序，才能将机器人硬件结构和程序完美结合，使机器人性能达到最优。

（5）其他参赛队员

比赛期间一般会有项目答辩环节，此时一般要求全体队员按照队内分工分别回答评审老师的面试问题。队内可以安排口才较好、答辩能力强的选手负责项目答辩任务。

（6）后勤人员

后勤人员的职责非常重要。一是要维修和维护机器人。当机器人在比赛中出现故障时，能在最短的时间内将其恢复正常。二是保障参赛机器人的电池电量充足。机器人在比赛和练习时消耗电量很快，每一二十局比赛就会用光一块电池的电。也有些机器人在满负荷工作时对电池电量要求很高，只有在电量充足时才能完成特定技术动作。因此，战队后勤人员要准备足够多的电池和充电器，并及时充电，以保证比赛时机器人和遥控器有足够的电量。

（7）赛事联络人员

VEX IQ比赛一般要比很多轮，每一轮的临时合作队都由抽签决定。在完成前一轮比赛之后，每支队往往只有很短的时间去寻找下一轮的合作队，并进行策略商讨和短暂练习。为了提高效率，每支队可以专门安排一名赛事联络队员，其职责是为队伍提前找好每轮的合作队，并安排练习时间、提醒上场时间等。另外，赛事联络员也可以根据本队日程，合理安排协作赛、技能赛等不同比赛环节的参加时间。

以上是一支战队主要的队员角色分工。有的不同职责可以由相同队员兼任。教练员也是战队不可或缺的人员组成。教练员的职责包括指导队员设计、搭建机器人，指导团队成员合理分工并完成高质量的训练，在比赛中指导团队策略、激励队员士气，争取好的成绩。VEX IQ机器人竞赛中涉及的内容纷繁复杂，既有技术问题，也有人际问题，还有生活问题等，青少年队员由于能力和阅历所限，不可能胜任所有职责，需要教练员进行必要的指导。一名优秀的教练员不仅要有合格的科学技术素养和管理能力，还要尊重、爱护队员，赢得他们的尊重和信赖。教练员在指导队员的过程中要发挥队员的主观能动性，不可大包大揽、越俎代庖，因为指导的目的不仅是取得好成绩，还要让队员在比赛过程中逐步成长，最终成为独立自主、素质全面的人才。

1.2.3 工程笔记

做好工程笔记是战队一项很重要的工作。

VEX IQ比赛考核内容之一是了解团队工程设计过程，以及团队整个赛季的经历，包括人员组成与分工、问题定义、方案设计以及机器人建造、测试、修改等内容。这些内容可以记录在工程笔记里面。

大型比赛中，一般会设立与工程设计有关的奖项。这时评委一般会要求各队提交工程笔记。通过工程笔记中的内容，评委可以更好地了解战队本身，以及比赛期间的设计、制造和测试过程，从而决定这些奖项的归属。

工程笔记可以采用一个A4或者B5大小的笔记本，里面记录的内容包括前述各项内容。工程笔记可以尽量做到图文并茂——除了文字说明，还可以配上图片和照片，例如队员照片、项目思维导图、方案设计草图、机器人制作过程及完成品的照片、软件设计的流程图等。

好的工程笔记不仅是参加比赛的需要，也是提高学习水平的重要资料。它可以帮助学生建立起完成一个全周期工程项目的整体概念，知道如何把一个大的项目分解成小的任务，明白如何合理有序地安排分工和进程，认识到当前做的工作在整个项目中的作用和意义。

事实上，当学会按照工程的概念做好一台机器人并去完成比赛之后，将来就可以比较容易地把这种思维模式移植到一些大的任务上——从建造一辆汽车到完成火星登陆。

另外，管理好一支VEX IQ战队并打出好成绩，本身就是一个有挑战性的工程项目。通过工程笔记可以追溯、复现以往各个环节的工作，便于总结和提升团队的效率和能力。

1.2.4 评审答辩

在一场比赛中，会有场地裁判和评审裁判。场地裁判负责场地比赛（团队协作赛和技能挑战赛）的执裁工作；评审裁判负责依据赛队的整体表现评选出获得评审奖的赛队。评审裁判评价一个赛队最主要的依据就是赛队提交的工程笔记，所以没有提交工程笔记的赛队原则上是不能获得评审奖的，尤其是含金量更高的全能奖、设计奖更是要审核工程笔记。评审裁判会逐一审阅工程笔记，按照评分标准为每个赛队评分，并依据比赛规模、设立的奖项，选出入围评审奖的赛队。入围的赛队还要进行答辩，然后根据答辩成绩和工程笔记的成绩评选出各项评审奖。比赛最高奖项是全能奖，它不仅要依据答辩成绩和工程笔记的成绩，还需要参考团队协作赛和技能挑战赛的成绩来综合评出。

由上述规则可知，评审答辩也是比赛中需要认真准备的环节，一般需要注意以下几个方面。

首先，要表现出赛队良好的精神面貌，落落大方、有礼貌、谦虚、不卑不亢。答辩前要和评审裁判问好，答辩结束后，鞠躬致谢，和评审裁判说再见。

答辩内容主要包括赛队成员介绍、分工、赛车的设计过程、赛车各部分的功能、赛车中最值得骄傲的部分、赛车程序等。

当然，在答辩的过程中，还要配合回答评审裁判的问题，不要只按照自己准备的内容滔滔不绝，而不理裁判的问题，也不能没有准备，只是被动、简单地回答评审裁判的问题。总而言之，答辩环节就是要展现赛队最好的状态，让评审裁判了解到赛队平时积极训练、不断进取的过程，并且赛队的每个成员在这个过程中，要充分展示在S、T、E、M各个方面的收获。

1.2.5 程序测试

在全国赛中有程序测试的环节。一般是按照参赛队伍数量，要求团队协作赛排名前16 ~ 20的赛队，技能挑战赛排名前3 ~ 5的赛队及其他随机抽取的赛队参加编程测试。参加编程测试的赛队必须通过测试，才有机会晋级更高级别的VEX官方赛事。被要求参加测试的赛队如果没有按时参加测试，视作测试未通过，不得晋级更高级别的VEX官方赛事。

测试将于资格赛结束后，决赛开始前，在指定的时间和地点进行。参加测试的赛队代表，务必携带本队电脑、数据线等器材准时到达指定区域。试题将于测试开始前公布。每支赛队限选派2名队员参加编程测试。测试开始前赛队有3分钟读题时间，监考裁判宣布测试开始后方可开始编程，编程时间为20分钟。赛队在完成编程后，且20分钟计时结束之前，举手示意本组裁判，经裁判同意后，由裁判提供机器人演示程序；如程序运行失败，需按裁判指示交还机器人；如程序运行成功，由裁判发放注明队号的PASS标签。裁判宣布测试计时结束时，给予未通过测试的赛队最后一次机会立即演示程序，放弃演示或演示失败的赛队视为测试未通过。

（1）VEX IQ小学组测试平台

VEX IQ机器人赛事组委会提供指定机器人。测试相关元件包含主控器、遥控器、电机，不含传感器。

测试目标：学生自主编程，在指定机器人上按测试题要求运行自动或遥控程序。

测试说明：请赛队自行准备笔记本电脑及电源适配器、遥控器、USB电缆、联机电缆、编程软件、VEX IQ固件升级工具等；赛队需自行完成固件升级、遥控器配对等操作；赛队需自行编写、调试、下载及运行程序（在指定的机器人上）；赛队可重复在指定机器人上调试运行，直到演示成功或时间结束（多支赛队会分配同一台固定编号的机器人，赛队需轮流调试或演示）。

（2）VEX IQ初中组测试平台

VEX IQ机器人赛事组委会提供指定机器人。测试相关元件包含主控器、遥控器、电机、Bumper Switch碰撞开关、Touch LED触碰传感器。

测试目标：学生自主编程，在指定机器人上按测试题要求运行自动或遥控程序。

测试说明：请赛队自行准备笔记本电脑及电源适配器、遥控器、USB电缆、联机电缆、编程软件、VEX IQ固件升级工具等；赛队需自行完成固件升级、遥控器配对等操作；赛队需自行编写、调试、下载及运行程序（在指定的机器人上）；赛队可重复在指定机器人上调试运行，直到演示成功或时间结束（多支赛队会分配同一台固定编号的机器人，赛队需轮流调试或演示）。

1.2.6 比赛中的注意事项

VEX IQ机器人比赛中的一些注意事项如下。

① 要熟悉并遵守比赛规则。比赛对机器人尺寸有要求，并会在赛前查验机器人。因此，一定要严格按照要求搭建机器人。另外，赛前还会召开选手会议，要注意比赛要求和日程安排。

② 平时一定要勤奋练习。正式比赛时间只有60秒，熟练度对结果影响巨大。

③ 赛前要跟合作队定好比赛策略，并多加练习。不同队伍之间的默契度也很重要，要尽可能在短时间内建立合作策略，并通过练习提高合作效果。

第 2 章
VEX IQ 二代机器人硬件

HELLO...

VEX IQ机器人二代硬件主要由主控器、遥控器、各种传感器、塑料积木零件、连接线及电池等部分构成。下面将介绍VEX IQ二代机器人的主要部件。

VEX IQ第二代机器人的硬件种类繁多，大致可以分为以下几类：

① 控制类硬件 它们相当于机器人的大脑和神经系统，包括主控器、遥控器和电源部分。

② 信号与运动类硬件 它们相当于机器人的各种功能器官，包括传感器和智能电机等。

③ 结构类硬件 它们相当于机器人的躯干部件，包括各种塑料积木部件。

VEX IQ第二代机器人与第一代机器人相比，主要有以下优点：

① 主控器升级 主控器采用彩屏，支持多语言，支持Python编程，可通过VEXcode自动更新所有连接设备。

② 遥控器多了两个按键 主控器和遥控器之间可以用无线蓝牙连接，并且可以通过遥控下载程序到主控器。

③ 传感器 测距仪的激光雷达更安全更精准。光感仪在弱光条件下有更好的性能。

④ 电池 锂离子电池，即便在电量较低的情况下也能维持高性能，采用Type-C接口充电。

⑤ 内置蓝牙模块，内置6轴惯性传感器，CPU速度、内存和闪存都有大幅提升。

⑥ 新增了部分特殊配件，包括销钉钳、转接头等。

下面详细介绍一下各类硬件的功能。

2.1.1 主控器

主控器是VEX IQ二代机器人的"大脑"。它可与电脑连接，传输程序，也可以连接智能电机和各种传感器，接收传感器信号，或者发送指令给智能电机或某些传感器。它还可以通过无线信号卡和遥控器连接，接收遥控器发来的操控信号。

VEX IQ二代主控器采用彩屏，支持多语言，支持Python编程。主控器可通过VEXcode自动更新所有连接设备。

VEX IQ二代主控器上LED（见下图中的红框）的颜色和状态可以指示VEX IQ二代主控器、电池和遥控器的不同状态，具体说明见表2.1。

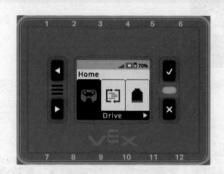

表2.1　主控器LED颜色说明

LED 颜色	LED 状态	主控器状态	电池状态	遥控器状态
	绿灯常亮	主控器开启	电池电量充足	遥控器未连接
	绿灯闪烁	主控器开启	电池电量充足	遥控器已连接
	黄色常亮	主控器开启	电池电量充足	遥控器配对中
	红灯常亮	主控器开启	电池电量低	遥控器未连接
	红灯闪烁	主控器开启	电池电量低	遥控器已连接

开启和关闭VEX IQ二代主控器的方法如下图所示。

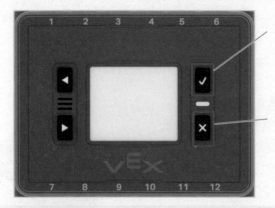

开启主控器：按主控器上的"√"（确认）键开启主控器

关闭主控器：按主控器上的"×"（取消）按键关闭主控器，直到主控器上的屏幕变黑

使用VEX IQ二代主控器上的传感器仪表板查看连接的电机或传感器的数据。

使用"向左""向右"按钮突出显示设备菜单选项,然后按"√"(确认)键选择设备

在设备菜单中可以看到机器人上连接的设备。使用"向左""向右"按钮突出显示所需的传感器，然后按"√"（确认）键将其选中。下图光学传感器可以显示色调值（Hue）、亮度（Brightness）或接近度（Proximity）。

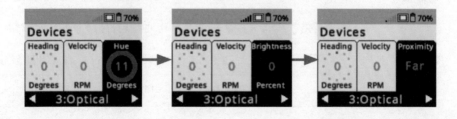

继续按"√"（确认）键，直到看到所选传感器
的仪表板视图。右图显示了光学传感器的传感器仪表
板，上面显示光学传感器连接到的端口，以及色调
值、颜色、LED、亮度和接近度数据。

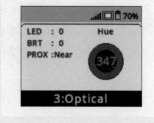

VEX IQ二代主控器屏幕如下图所示。

左右按键用于在主控器屏幕上的不同选项之间
导航。当使用"√"（确认）键开启主控器时，将出现主界面，并且指示灯显示
绿色。

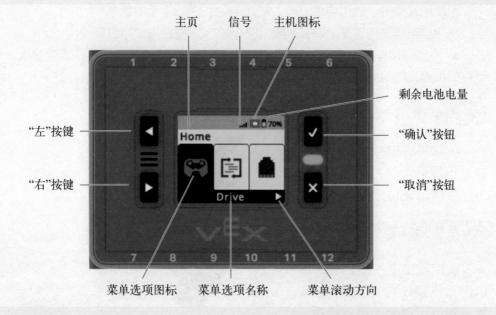

主页　　　信号　　　主机图标

剩余电池电量

"左"按键　　　　　　Home　　　　"确认"按钮

"右"按键　　　　　　Drive　　　　"取消"按钮

菜单选项图标　　菜单选项名称　　菜单滚动方向

2.1.2 主控器电池

主控器电池是锂离子电池，即便在电量较低的情况下也能维持主控器的性
能。它使用的是Type-C充电口。

用USB-C充电线为VEX IQ二代主控器电池充电时，可以通过连接的VEX IQ二代主控器或电池本身指示灯检查电池电量。

- 1个灯=0 ~ 25%电量。
- 2个灯=25% ~ 50%电量。
- 3个灯=50% ~ 75%电量。
- 4个灯=75% ~ 100%电量。

延长VEX IQ主控器电池使用时间的技巧如下。

① 只要时间允许，就为VEX IQ主控器电池充电。

不使用设备时，就给电池充电，防止电池长期处于亏电状态。

在存放电池之前，把所有备用电池充满电，以便在需要时立即使用。

② 不使用设备时，请取下VEX IQ主控器电池。如较长时间不使用机器人，请按下机器人电池末端的卡扣并将其从主控器中轻轻推出，将电池保存好。

2.1.3 USB-C数据线

可以将主控器连接到电脑进行程序下载，并可连接主控器USB端口充电。

2.1.4 遥控器

遥控器和主控器之间可以用无线蓝牙方式连接，连接成功后可以用遥控器操控机器人。

遥控器有2个摇杆（各有水平和垂直两个编程项），2个遥杆上分别有1个按钮，另外还有独立的8个按钮。

为遥控器电池充电时，将USB-C线一头连接到遥控器的充电端口，另一头连接到电源上即可。

LED 电源指示灯

LED 充电指示灯

充电时，LED充电指示灯可以显示绿色、红色，或熄灭，各颜色和状态说明如表2.2所示。

表2.2　LED充电指示灯颜色说明

LED 充电指示灯颜色	状态	说明
	绿灯常亮	遥控器电池已充满电
	红灯常亮	遥控器电池充电中
	红灯闪烁	遥控器电池错误
	熄灭	未充电

LED电源指示灯用不同颜色和状态来指示遥控器电池和主控器无线连接的状态，具体说明如表2.3所示。

表2.3　LED电源指示灯颜色说明

LED 颜色	LED 状态	遥控器状态	遥控器电池状态
	绿灯常亮	遥控器开启－未与主控器配对	遥控器电池电量充足
	绿灯闪烁	遥控器开启－已与主控器配对	遥控器电池电量充足
	黄灯常亮	主动配对中	
	红灯常亮	遥控器开启	遥控器电池电量低
	红灯闪烁	遥控器开启－已与主控器配对	遥控器电池电量低

（1）VEX IQ二代遥控器与二代主控器配对方法

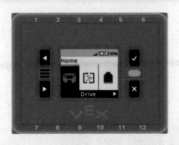

① 开启主控器和遥控器。主控器的LED灯和遥控器的LED电源指示灯此时应显示绿色，表明它们已通电。

② 使用箭头按键滚动到"设置"。

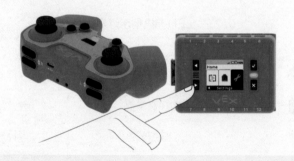

③ 按"确认"键选择"设置"。

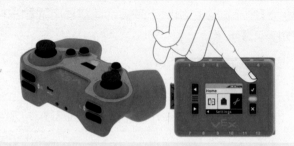

④ 然后，将界面滚动到"连接"，并按"确认"键进行选择。

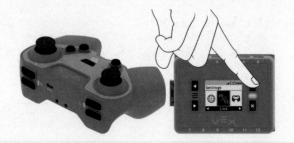

⑤ 选择连接后，屏幕显示配对界面。连接时，主控器的LED灯将变为黄色。

⑥ 同时按住"L▲"和"L▼"按键，并连按遥控器电源键2次，参考主控器屏幕的提示。

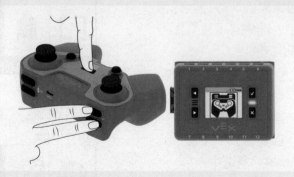

> **注意：** 对遥控器与主控器进行配对操作时，要注意主控器屏幕上提示的遥控器电源按键闪烁的时机，尝试在相同时机按下遥控器电源按键。如一次配对操作不成功，可能需要尝试多次。

⑦ 无线连接成功后，你将在主控器屏幕上看到遥控器图标。主控器的LED灯和遥控器的"电源/连接"LED灯都应闪烁绿色以表明它们配对连接成功。

（2）校准 VEX IQ 二代遥控器

① 对遥控器和主控器进行配对连接。

② 在主页上选择"设置"（Settings）图标。通过观察屏幕顶部的"已连接"图标来确认遥控器是否已和主控器连接。选中"设置"图标后，按下确认键进行选择。

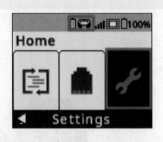

③ 选择"校准"（Calibrate）。按向左或向右键，直到看到"校准"选项，然后按下确认键将其选中。

④ 移动操纵杆。如右图所示，将两个操纵杆移动一整圈。

⑤ 保存校准。移动操纵杆后，你会看到两个绿色对勾，"E上"键会闪烁。按下"E上"键来保存校准。

遥控器专用3.7V、800mAh锂电池。

　　各种传感器就像机器人的感知器官，可以识别声音、颜色、触碰等不同信号。智能电机则像机器人的运动器官，可以使机器人具有运动能力。

2.2.1 智能电机

　　① 智能电机的转动端口可以旋转，从而驱动连接的车轮或者机械臂等外接部件转动。

　　② 内置处理器，具有正交编码器和电流监视器，可通过机器人主控器对其进行控制或接收反馈信号。

　　③ 输出转速120rad/min，输出功率1.4W，失速扭矩0.414N·m，指令速率3000Hz，采样率3kHz，编码器分辨率0.375度，额定工作电压7.2V，空载电流100mA，1.4W峰值输出功率7.2V。采用MSP430微控制器，运行频率16MHz，有自动过流和过温保护功能。

　　④ 支持事件编程，可以通过程序控制速度、方向、工作时间、转数和角度等。

2.2.2 触碰传感器

　　触碰传感器即碰撞传感器。

　　触碰传感器可以检测到轻微触碰，可用来检测是否碰到围墙或其他物品。触碰传感器可以进行事件编程，如通过检测是否碰到外物（或用手触碰它）来激发机器人某些动作。

　　VEX IQ 碰撞传感器工作原理：当触碰传感器被按下时，电路闭合，有电流通过；当触碰传感器抬起时，电路断开，无电流通过。VEX IQ主控器可以检测有无电流。有电流时返回值为"1"，无电流时返回值为"0"，进而检测触碰开关是否被按下。

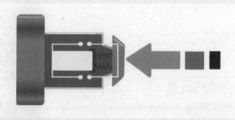

2.2.3 距离传感器（第二代）

距离传感器也叫测距仪。

测量距离：该传感器使用激光脉冲来测量传感器前端到对象的距离。在主控器的传感器仪表板上，距离以英寸或厘米为单位，在VEXcode IQ 中以英寸或毫米为单位。

检测对象：传感器可用于检测何时靠近一个对象。

确定物体相对尺寸：该传感器还可用于判断检测到的对象的相对尺寸。物体的大致尺寸可报告为小、中或大。

报告对象速度：该传感器可用于计算和报告接近传感器的对象的速度或接近物体的传感器的速度，以米/秒为单位。

（1）距离传感器（测距仪）工作原理

距离传感器（测距仪）发射一个激光脉冲并记录脉冲被反射回来的时间，然后就可以通过时间和光速来计算距离。

距离传感器视野很窄，只能检测传感器正前方物体的距离。

测距仪的测量范围为20 ~ 2000mm。在200mm以下时，精度为 ±15mm，200mm以上时，精度约为5%。

（2）距离传感器（测距仪）的功能

① 可以用厘米、毫米或英寸为测量单位来检测传感器到对象的距离。

② 可以用"米/秒"为单位检测对象速度。

③ 可以用"小""中""大"来检测对象尺寸。

④ 发现对象。

> **说明：** 测距仪通过反射回来的光量来检测物体的相对大小。物体应放置在测距仪前方 100 ~ 300mm 处，以获得最准确的尺寸。

（3）读取测距仪数值

在传感器仪表板中，测距仪仪表板以英寸或厘米为单位报告最近物体的距离。可以通过主控器上的选择按钮在英寸和厘米之间切换单位。

2.2.4 触摸传感器

触摸传感器也叫触摸LED、Touch LED。

触摸传感器可以检测电容式触摸，例如手指的触摸，也可以设置显示多种颜色。

触摸LED工作原理：检测触摸。它通过测量电容来检测周围环境物理特性的微小变化。

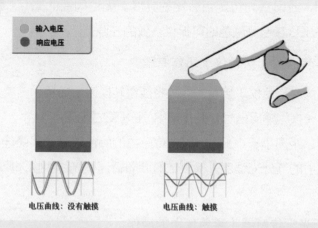

电压曲线：没有触摸　　　　电压曲线：触摸

电容是任何物体的物理特性。它会受到物体材料和形状的影响。我们周围的空气有一定的电容，电路有一定的电容，我们的身体也有特定的电容。触摸LED可以通过发送电信号并记录返回的信息来检测该电容。上图显示了当按钮按下时，紫色响应信号与蓝色输入信号相比发生了变化，触碰LED向机器人主控器发回一条消息，表示它正在被触碰。

以这种方式检查触碰的一个优点是电容的变化不需要直接触碰电路，只要非常接近即可。因此，触碰LED中的电子元件可以用塑料遮蔽，并与更多电子元件一起封装，例如设备内部的多色LED。

2.2.5 光学传感器（辨色仪）

（1）光学传感器的组成

光学传感器（辨色仪）是以下传感器的结合。

① 环境光传感器：报告传感器当前检测到的环境光量。这可以是一个房间的环境亮度，也可以是一个特殊对象的亮度。

② 颜色传感器：颜色信息以RGB（红色，绿色，蓝色）、色度和饱和度，或者灰度形式提供。当与检测对象距离小于100mm时，颜色检测效果最佳。

③ 近距传感器：近距传感器可测量从一个集成的IR（红外光）LED反射的 IR能量源。这些值会随着环境光和对象反射率的变化而变化。

光学传感器（辨色仪）还包含白色LED。这些LED可以被开启和关闭，或设置为特定百分比的亮度。无论周围的光线条件如何，LED在检测颜色时可提供一致的光源。

（2）光学传感器（辨色仪）工作原理

光学传感器（辨色仪）接收光能并将能量转换为电信号。传感器的内部电路可把这些信号转换为输出信号，并传输给VEX IQ主控器。

当检测对象距离小于100mm时，传感器的颜色检测效果最佳。检测时，传感器会测量反射的红外光强度。检测数值会随着环境光线和物体反射率的变化而有所变化。

（3）关于光学传感器（辨色仪）的操作

① 开启或关闭传感器的白色LED灯。

② 设定白光LED灯的功率百分比。

③ 检测一个对象。

④ 检测一种颜色。

⑤ 测量环境光的亮度百分比。

⑥ 测量一种颜色的色度度数。

（4）读取光学传感器（辨色仪）的参数值

在VEX IQ主控器上的"设备"屏幕可以查看光学传感器（辨色仪）报告的信息。

LED：LED的当前亮度百分比。0是关闭，100%是完全开启。

BRT：当前环境光或对象的亮度百分比。

PROX：对象的接近度为近或远。

色度：在0 ~ 359范围内显示色度值。每个色度值都有一个关联颜色区域。

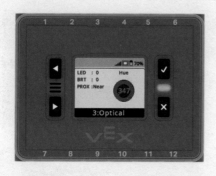

色度值与颜色的对应色环

2.2.6 传感器/智能电机信号线

黑色水晶头连接线可以连接主控器与传感器、智能电机，实现信号和命令传输。

2.2.7 惯性仪

VEX IQ 二代主控器有一个内置惯性仪（inertial）。惯性仪在传感器仪表盘和 VEXcode IQ 中能报告有关归位、转向、航向以及加速度的数据。

（1）归位（Heading）

"归位"是主控器正面向的方向，可表示为 0 ~ 359.99° 范围内的某个数值。可以使用 VEXcode IQ 指令或通过校准 VEX IQ 二代主控器来重新设置零点。控制机器人运动时，可以使用该信息将机器人转到一个指定方向位置。

在主控器屏幕的传感器仪表盘上，归位是列出的第一个值。如果移动主控器，将看到该数值会实时变化更新。

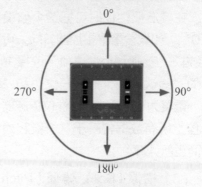

在校准惯性仪时可把这个值设置为0°。如果想要重置主控器归位，可以在"校准"（Calibrate）选项下按主控器的"确认"键，这将重置"归位"和"转向"为0°，并且惯性仪传感器仪表盘上所有数据将基于这个新起始位置而重新计算。

（2）转向（Rotation）

当机器人绕着机器人的中心轴转动时报告转向角度。在传感器仪表盘的Rotation数值指示了主控器从校准之后完成的转向方向和度数。与"归位"不同，该数值不限于0～359.99°。当机器人逆时针（为负值）或顺时针（为正值）旋转时，该转向数值将持续增加以反映惯性仪的旋转度数。

在主控器屏幕的传感器仪表盘上，"转向"是列出的第二个值。如果转动主控器，将看到数值实时变化更新。

在校准惯性仪时可把这个值设置为0°。如果要重置主控器转向，可在"校准"（Calibrate）选项下选择主控器的"确认"键，把"归位"和"转向"重置为0°，并且惯性仪传感器仪表盘上所有数据将基于这个新起始位置而重新计算。

（3）横滚（Roll）、俯仰（Pitch）、偏转（Yaw）

"俯仰""横滚""偏转"是主控器沿着指定轴向的方向角。"俯仰"表示x轴方向机器人前后倾倒的角度。俯仰的数值范围从−90°～90°。

俯仰

"横滚"表示y轴方向机器人左右倾倒的角度。横滚的数值范围从-180°～180°。

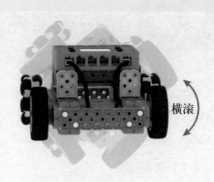

"偏转"表示z轴方向机器人转向的角度。偏转的数值范围从-180°～180°。

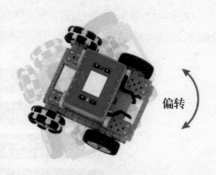

"俯仰""横滚""偏转"等数值显示在传感器仪表盘"归位"和"转向"下方。

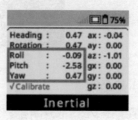

（4）加速度

传感器仪表盘加速度部分会报告惯性仪沿一个特定轴向的加速度值。在传感器仪表盘右侧会使用缩写"ax""ay""az"来分别显示沿x、y、z轴的加速度值。这些值的报告范围都是从-4.0～4.0g。当主控器停在表面时，az加速度值大约为-1.0g。这显示的是主控器静止时的重力加速度。

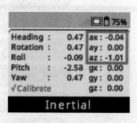

结构类硬件：塑料积木件

塑料积木件包括结构件和传动件。结构件可以搭建机器人的"身体"，包括各种梁、轴、板、销等；传动件可以搭建机器人的"关节"和"脚"，包括轮、链条等。

（1）双条梁

双条梁的宽度是2节，长度有2、3、4、5、6、7、8、9、10、11、12、14、16、18、20节等规格。

双条梁比单条梁更结实，除了可以作连接、支撑、外形部件外，还可以作为简单承载部件用来负载电机、传感器等其他部件。

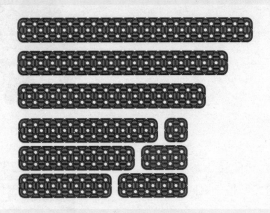

（2）单条梁

单条梁是VEX IQ结构零件中的一类。顾名思义，它们的宽度只有1节，长度有3、4、5、6、8、10、12节等不同规格。

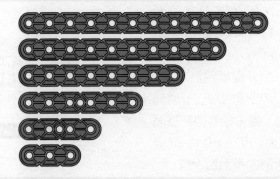

（3）板

板比梁更宽，一般宽度为3节或4节，长度有4、6、8、12节等不同规格。它主要起构形、承载、支撑等作用。

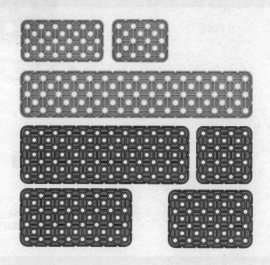

（4）2×8光面面板

同2×8双条梁大小相同，表面光滑，可以作连接、支撑、外形部件。

（5）特殊梁

特殊梁包括60°梁、45°梁、30°梁、大直角梁、小直角梁、T形梁、双弯直角梁、水晶线固定器等部件。

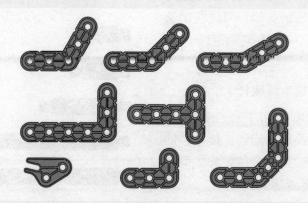

（6）锁轴梁（板）

锁轴梁（板）的中心孔为方孔，中间可以穿过轴（VEX IQ 一般为方轴）。轴转动时，它可以随轴一起转动。有 1-3 锁轴梁、2-2 锁轴板、1-4 薄型端锁梁。

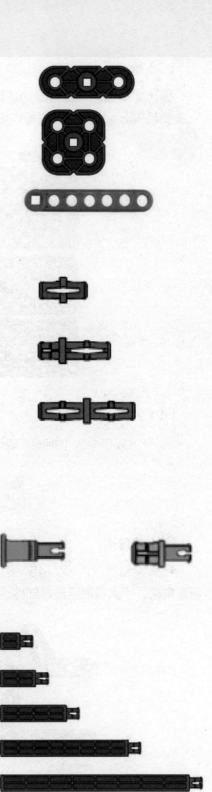

（7）短销、中销、长销

销是最常用的连接零件，按照长度可以分为短销、中销和长销。

短销两端销头长度各等于一个梁（或板）的厚度，因此可以连接两个梁或板。

中销一端的销头长度和短销的销头一样，另一端等于其两倍长度，因此中销可以连接三个梁或板。

长销两端销头长度各等于两倍短销销头长度，因此可以连接四个梁或板。

（8）钉轴销、轴销

轴销一端是销，可以连接梁或板，另一端是轴点，可以连接齿轮或轮胎。

钉轴销和轴销类似，但是在销端多了一个钉帽，可以使连接更牢固。

（9）支撑销（连接杆）

支撑销，也叫连接杆，或者柱节。它的作用和销类似，起到连接零件的作用，但是它的长度多种多样，可以实现更远距离的连接。

（10）连销器、直角连销器

连销器可以把两个销连接在一起。直角连销器可以把两个销垂直地连接在一起。

（11）销钉钳

销钉钳可以帮助拆卸，将销钉钳放在不需要的销钉上，挤压手柄，拔出销钉。

（12）角连接器

角连接器有很多种，可以实现两个或者三个垂直方向上的梁、板的连接。

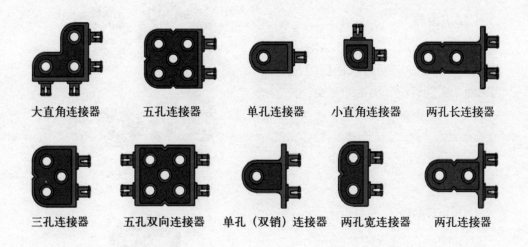

大直角连接器　　　五孔连接器　　　单孔连接器　　　小直角连接器　　两孔长连接器

三孔连接器　　五孔双向连接器　　单孔（双销）连接器　两孔宽连接器　　两孔连接器

VEX IQ 二代新增了一些角连接器，如下图所示。

单孔（短）连接器　转角连接器 1-2　　3 向角连接器　　角连接器 2-3　　角连接器 2-3 双向

（13）轮毂和轮胎

轮胎和轮毂可以组合成橡胶车轮。轮胎有100、160、200、250mm等规格。

胶圈可以和对应尺寸的滑轮组成小轮子。

2倍宽48.5mm直径轮毂和200mm周长光面橡胶轮胎可以组成车轮。

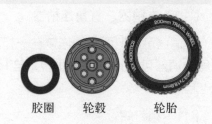

胶圈　　轮毂　　轮胎

（14）齿轮

齿轮分为12、24、36、48、60齿等不同规格。它们可以相互组合成齿轮组，实现转速、扭矩的变换。

（15）万向轮

万向轮轮毂上有2排横向小轮，这使得万向轮不仅可以前后滚动，还可以横向滚动。并且它在转弯时也更加灵活。

（16）2×2中心偏置圆形锁梁

中心偏置圆形锁梁的中心孔为方孔，中间可以穿过轴。轴转动时，它可以随轴一起转动。

（17）23齿齿轮带1×4曲柄臂

23齿齿轮带1×4曲柄臂的齿轮中心孔为方孔，中间可以穿过轴，可以通过转动曲柄臂来转动轴。

（18）1倍宽线轴、24倍间距长度绳

这两种零件一般结合使用，可以组合成绳传动装置，以实现动力传输。

（19）链轮

链轮和链条（或者履带）组合，可以组合成链传动装置，实现远距离动力传输，或者组合成履带行进装置。

（20）链条和履带

链条由一节一节的链条扣组成，它可以和链轮组合成远距离传动装置。

履带由一节一节的链条扣组成，它可以和链轮组合成履带行进装置。

（21）链扣和拨片

链扣和拨片可以插在链条或者其他结构部件上。

拨片根据长短可以分为短拨片、中拨片和长拨片。它们插在链条上可以组成链传动拨动装置，来卷吸小球、圆环等物体。

（22）塑料轴

塑料轴主要用于电机与齿轮、轮胎间的连接，可以作为各种轮装置的转动轴。它有不同长度规格。

（23）封闭性塑料轴（钉轴）

封闭性塑料轴（钉轴）末端有个钉帽。和塑料轴相比，它只能连接一端，另一端可以穿过梁、板等结构并且起固定限制作用。

（24）电机塑料轴（凸点轴）

电机塑料轴（凸点轴）在靠近一端处有凸起的卡槽。短端正好可以插入电机的转动槽并卡住，另一端可以连接齿轮、轮胎等轮装置。

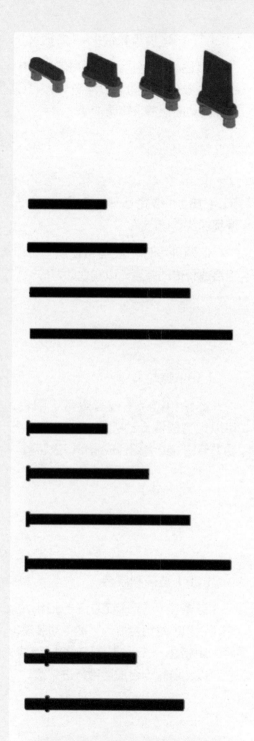

（25）金属轴

金属轴可以穿在各种轮装置中心作为转动轴。它有2、4、6、8倍间距等不同长度规格。金属轴比塑料轴结实得多，不会因为扭力过大而出现扭曲变形问题。

（26）封闭性金属轴（钉轴）

封闭性金属轴（钉轴）末端有个钉帽。和金属轴相比，它只能连接一端，另一端可以穿过梁、板等结构并且起固定限制作用。

（27）电机金属轴

电机金属轴在靠近一端处有凹凸的卡槽。短端正好可以插入电机的转动槽并卡住，另一端可以连接齿轮、轮胎等轮装置。

（28）1倍距电机塑料卡扣轴

可以连接电机、板和齿轮、锁轴器等。

（29）橡胶轴套、轴套销

当轴连接齿轮或者轮胎时，一般在轴的外端套上橡胶轴套，防止齿轮或轮胎外滑脱落。

轴套销的一端是轴套孔，可以插轴；另一端是销，可以连接其他部件。

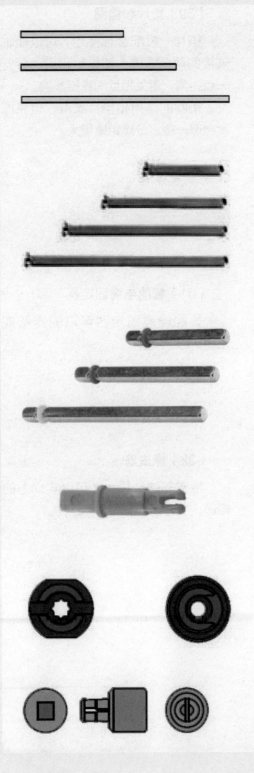

（30）垫片和垫圈

垫片一般配合轴使用，可以使轴连接的两个零件（如轮胎和梁）分开一点距离，避免相互间直接摩擦。

垫圈的作用和垫片类似，但是厚度更厚一些，分隔距离更大。

（31）智能电缆固定器

智能电缆固定器可以固定智能电缆。

（32）橡皮筋

橡皮筋弹性较大，可以实现力的传递，或者捆绑加固局部结构。

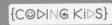

第 3 章

VEX IQ 二代机器人软件

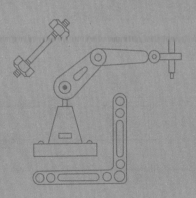

VEX IQ二代机器人主要采用VEXcode来编程。VEXcode是VEX教育机器人为全球机器人和编程爱好者、学习者、教育者开发的VEX应用程序编程平台，是一款基于Scratch开发的面向青少年机器人STEAM教育的图形化积木式编程软件。VEXcode可以满足教师和学生对编程软件的多功能需求，并允许用户通过连接VEX机器人硬件实时查看编程成果，打破了传统编程工具仅能通过软件界面进行编程的模式。

3.1 VEX IQ二代机器人编程软件概述

VEXcode基于"块"的编程接口可以让那些对编程技术不熟悉的学习者也能快速启动和运行他们的机器人。学习者可以通过简单的拖放界面来创建功能项目。每个区块的功能用途都可以通过形状、颜色和标签等视觉线索来轻松识别。这种便捷模式可以让学习者专注于科学性和创造性工作，而不必把注意力过度分散到编程技术环节。

VEXcode IQ Blocks编程软件拥有上百个特定VEX语句块，可以使VEX IQ机器人编程变得前所未有的简单。该工具提供了很多可供快速访问的视频教程，包含了40多个预先创建的样例程序，让用户能在创建程序时轻松上手，快速学习各种语句块，充分探索机器人的潜力。用户还可以访问STEM Labs平台，其中有很多英文原版免费编程课程。另外，VEX在线帮助也提供了很多技术支持信息。

3.2 VEXcode的下载和安装

VEXcode可以在VEX官方网站下载。

用户可先下载与自己电脑操作系统相匹配的程序安装包，然后用鼠标双击安装文件，进入程序安装界面。右图是安装过程中会出现的界面。

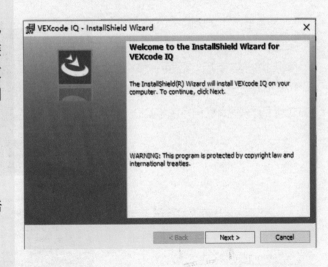

出现欢迎界面后，点击"Next"按钮继续安装。

出现授权协议界面后，选择"I accept the terms in the license agreement"（我同意授权协议内容），然后点击"Next"继续。

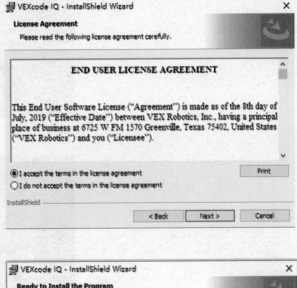

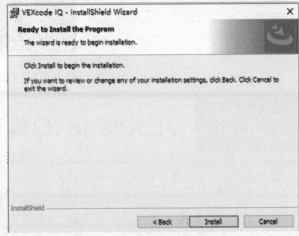

点击"Install"（安装）按钮开始安装。在多个安装进度条执行结束后，后面的安装过程中会出现黑色的命令行模式窗口，等待它自动完成。

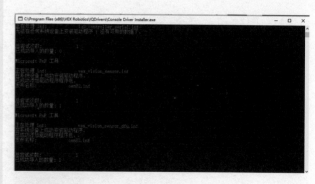

最后，出现安装结束的界面。此时，点击"Finish"（完成）按钮完成安装。

完成安装后，计算机左下角点"开始—所有程序"，会多出一个"VEXcode IQ"程序项。计算机桌面上也会出现"VEXcode IQ"的快捷键图标。

3.3 VEXcode IQ 编程界面

双击"VEXcode IQ"的快捷键图标，打开"VEXcode IQ"界面，其中包括菜单栏、代码区、工作区、工具栏四部分。

跟世界冠军一起玩 VEX IQ 二代机器人

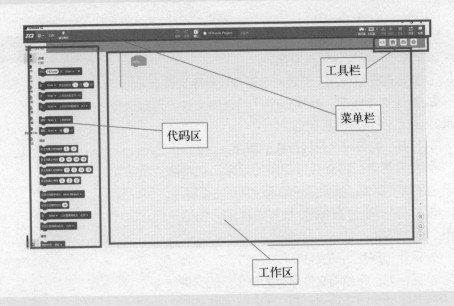

图中标注：工具栏、菜单栏、代码区、工作区

3.3.1 菜单栏

VEXcode IQ 菜单栏中的命令不是很多，包括"语言设置""文件""辅导教程""撤销""重做""VEXcode Project"（项目）"保存状态""遥控器""主控器""下载""运行""停止""分享""反馈"等。

（1）语言设置

VEXcode IQ 提供了21种语言。

（2）文件

该菜单项包括文件相关操作。

① 新建指令块程序：新建一个指令块程序文件。

② 新建文本程序：新建一个代码程序文件，可以选择Python或C++两种编程语言。

③ 打开：打开一个已经存在的程序。

④ 打开最近：打开最近使用的程序，它右侧三角箭头表示它还有子菜单，最多显示最近使用的5个程序。

⑤ 打开样例：打开指令块样本程序，包括一代、二代数十个样例程序。

⑥ 保存：保存当前文件。

⑦ 另存为：将当前文件另存为一个新的文件。

⑧ 新功能：VEXcode IQ相对于上一版新增的功能。

⑨ 关于：VEXcode IQ的具体版本说明。

（3）辅导教程

VEXcode IQ提供了23个辅导教程。

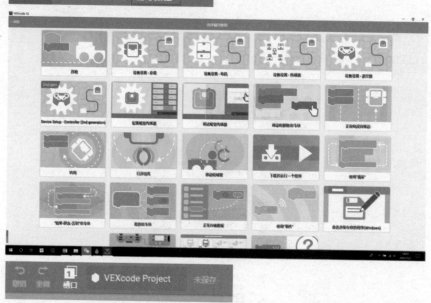

（4）撤销

撤销文档编辑窗口最后一步操作，返回上一步。当程序刚被保存或者没有可撤销的操作时，该项无效。

（5）重做

重做撤销前的操作，即恢复到"撤销"之前的状态。

（6）槽口

对于VEX IQ一代主控器，可以存储4个程序，对于VEX IQ二代主控器，可以存储8个程序。

（7）文件名

显示当前程序名称。

（8）保存状态

显示当前程序"保存"或"未保存"的状态。

（9）遥控器

选择连接的遥控器。

（10）主控器

选择连接的主控器。

（11）下载

编译和下载程序到机器人。

（12）运行

运行程序。

（13）停止

停止运行程序。

（14）分享

可以将程序另存为PDF格式的文件。

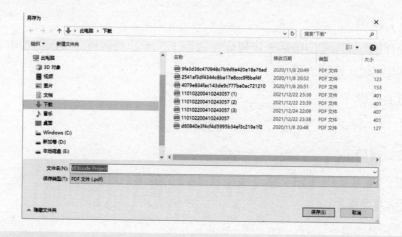

（15）反馈

工具栏

VEXcode IQ 的工具栏主要包括了四个功能按钮：代码预览框、设备设置、打印至控制台、帮助。

代码预览框　　打印至控制台

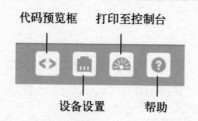

设备设置　　帮助

（1）代码预览框

点击"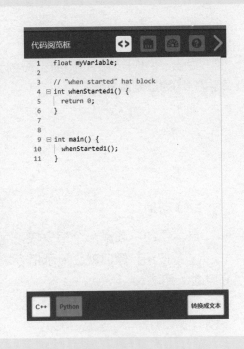"可以预览当前指令块程序的代码。编程者可以通过点击"转换成文本"按钮将指令块程序转换为C++或Python代码程序。需要注意的是本过程不可逆，也就是可以将指令块程序转换为C++或Python代码程序，但不能将C++或Python代码程序转换为指令块程序。

（2）设备设置

点击"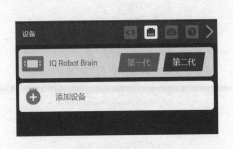"，可以设置VEX IQ主控器为一代或二代主控器。点击""可以添加设备，包括VEX IQ各种传感器和电机。

（3）打印至控制台

点击""按钮，可将程序运行结果打印到控制台。

（4）帮助

显示帮助。选择一个指令块，点击"❓"按钮，窗口就会显示指令块的功能、用法。

点击最右边的箭头"❯"，可以隐藏弹出窗口。

3.3.3 代码区

在没有添加任何设备之前，代码区共有9种指令块，分别是外观、音效、事件、控制、传感、运算、变量、我的指令块、备注。

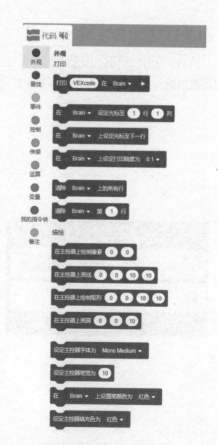

指令块从形状上可以分为以下几大类。

① 事件类型指令块。指令块中的"当……"指令，一般用在程序或者事件的开始。当指定条件成立时开始运行内部各程序命令。

② 执行模块。是一条完整的程序语句，执行特定程序命令，可以直接拼入程序块。例如，外观、音效类的指令都是一条完整的程序语句。

③ 条件判断和循环指令块。是"C"形指令块，可包含其他完整的指令块。条件判断指令块是当指定条件成立时，开始执行下面程序命令。循环指令块是执行特定次数（包括无限次）的循环操作，或者当指定条件成立时开始（或结束）循环。

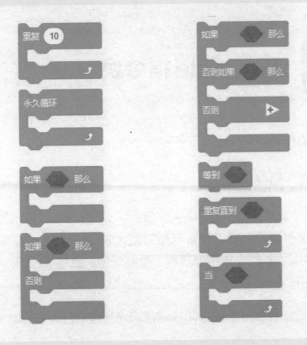

④ 数值和逻辑判断指令块。是六角形指令块，可以进行数值大小判断（大于、小于、等于）或者逻辑判断（与、或、非），可以作为判断条件嵌在循环、判断语句中使用。

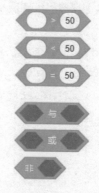

⑤ 常量和变量指令块。是圆形指令块，报告具体常量或变量，例如一些传感器、运算指令块。

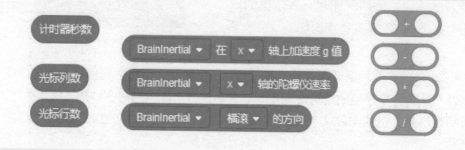

3.4　VEXcode指令块

下面按照具体功能来介绍一下各种指令块。

3.4.1 "外观"指令块

"外观"指令块又分为"打印"和"描绘"两个子类。"打印"类指令块的功能是在主控器屏幕或控制台上设置光标位置，或打印数据；"描绘"类指令块的功能是在VEX IQ（二代）主控器屏幕上绘制像素、直线或图形。

（1）"打印"指令块

① 打印：在主控器屏幕或打印控制台的光标位置打印数据。

② 设置光标：在主控器屏幕或打印控制台上设置光标的位置。

③ 下一行：在主控器屏幕或打印控制台上设置光标至下一行。

④ 设置打印精度：在主控器屏幕或打印控制台上，设定打印数值时小数点后出现的位数（有1、0.1、0.01、0.001、全部数字5个选项）。

⑤ 清除所有行：清除主控器屏幕或打印控制台上所有行。

⑥ 清除行：清除主控器屏幕或打印控制台上第 X 行的内容。

VEX IQ 二代主控器允许设置屏幕上打印的字体、大小。更改字体会影响主控器屏幕上可用的行数和列数，具体如表3.1所示。

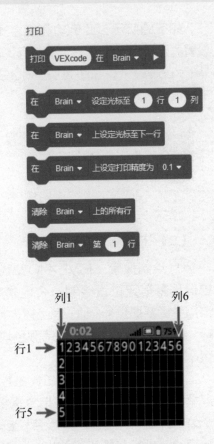

表3.1　打印字体大小对应的行数和列数

字体	行数	列数
mono 超小号（mono12）	9	26
mono 小号（mono15）	7	20
mono 中号（mono20）（默认字体）	5	16
mono 大号（mono30）	3	10
mono 超大号（mono40）	3	8
Prop 中号（prop20）	5	28
Prop 大号（prop30）	3	21
Prop 特大号（prop240）	2	15
Prop 超大号（prop60）	1	9

如下图所示，此例功能是将光标设置为位置第3行第5列，并打印文本"VEXcode！"，右图为VEX IQ二代主控器屏幕显示情况。

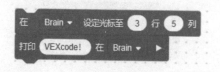

（2）"描绘"指令块

① 绘制像素：在VEX IQ二代主控器屏幕指定位置绘制一个像素点。该指令需要提供2个值：X坐标，Y坐标。像素颜色由设置的画笔颜色块确定。默认像素颜色为白色。

② 画线：在VEX IQ二代主控器屏幕上绘制一条线段。该指令需要4个值：开始点X坐标，开始点Y坐标，结束点X坐标，结束点Y坐标。像素颜色由设置的画笔颜色块确定。默认像素颜色为白色。

③ 绘制矩形：在VEX IQ二代主控器屏幕上绘制一个矩形。该指令需要4个值：左上角X坐标，左上角Y坐标，矩形宽度，矩形高度。外线颜色由设置的画笔颜色块确定，默认像素颜色为白色。矩形的内部填充颜色由设置的填充颜色块确定，默认填充颜色为黑色。

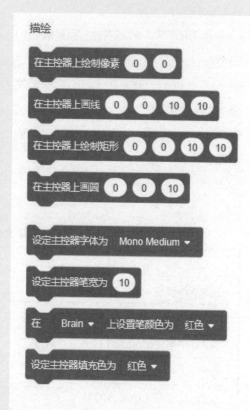

④ 绘制圆形：在VEX IQ二代主控器屏幕上绘制一个圆形。该指令需要3个值：圆心X坐标，圆心Y坐标，圆的半径（以像素为单位）。圆形外线颜色由设置的画笔颜色块确定，默认像素颜色为白色。圆形的内部填充颜色由设置的填充颜色块确定，默认填充颜色为黑色。

⑤ 设置字体型号：有9种型号可以选择。

⑥ 设置笔宽：设置VEX IQ二代主控器屏幕上绘制形状的轮廓线宽度。

⑦ 设置笔色：设置VEX IQ二代主控器屏幕或控制台上绘笔的颜色。共有14种颜色选择。

⑧ 设置填充色：设置VEX IQ二代主控器屏幕或控制台上绘制图形的填充色。共有14种颜色选择。

3.4.2 "音效"指令块

这类指令块的功能是设置主控器播放声音的音效、音符等。

① 播放音效：共有9种选择。

② 播放音符：设定要播放的音符以及音符时长。音符共有A、B、C、D、E、F、G七种选择，音符将要播放的时长有全音符（播放1秒，即1000毫秒）、二分音符（播放0.5秒，即500毫秒）、四分音符（播放0.25秒，即250毫秒）三种选择。

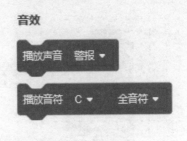

3.4.3 "事件"指令块

这类指令块的功能是在以下"事件"发生时开始运行程序命令。

① 当开始：当程序开始时，运行随后的指令段。"当开始"指令块可以从VEX IQ主控器菜单开始运行，也可以从VEXcode IQ Blocks运行按钮开始运行。所有新建程序将会自动包含个"当开始"指令块，程序可最多支持3个"当开始"指令块。

② 当主控器：当指定的VEX IQ主控器按键被按下或松开时，运行随后的指令段。

③ 当计时器：当VEX IQ计时器大于指定值时，运行随后的指令段。

在每个程序开始时，主控器的计时器开始计时。当主控器的计时器大于输入时间数量时，"当计时器"事件将会运行。

④ 当我收到：当收到指定的广播消息时，运行随后的指令段。

⑤ 广播：广播一个消息来激活任何以"当我收到"指令块开始且正在监听广播消息的指令段。

⑥ 广播并等待：广播一个消息来激活任何以"当我收到"指令块开始且正在监听广播消息的指令段，同时暂停后续的指令段。

【示例1】下图程序表示触碰LED亮红灯并等待2秒后，广播消息1。当消息被收到时，指令段将使底盘正向驱动（下图右侧第2行）并且机械臂同时向上移动（下图左侧第5行）。如红色箭头所示，两个指令段将同时运行。

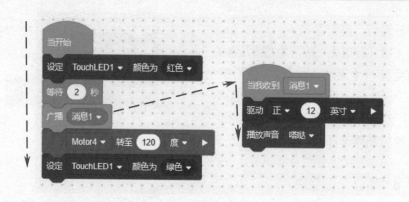

【示例2】下图程序表示触碰LED亮红灯，等待2秒后广播消息1。一旦消息被接收，指令段将正向驱动底盘并且播放一个音效。如同红色箭头所示，主程序在继续运行后续指令块之前，正在广播消息的指令段（左侧第4行）将等待，直到收到消息的指令段（右侧）运行完成。

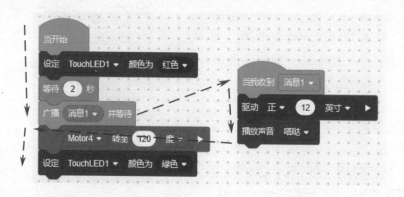

3.4.4 "控制"指令块

这类指令块的功能是根据时间指令、运行次数指令或者条件指令来控制程序的运行。

① 等待：在移动到下一条指令块之前等待设定数量的时间。

② 重复：设定重复多少次语句块。

③ 永久循环：无限次（永远）重复执行语句块。

【示例3】右图程序表示设置驱动速度为50%，前进2秒。

【示例4】右图程序表示小车走正方形，即"前进200mm，左转90度"，重复执行4次。

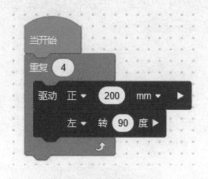

【示例5】右图程序表示电机4一直不停地转动。

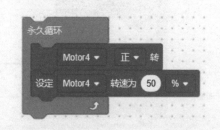

（1）"如果……那么……"

■内为条件表达式（判断条件）。在满足判断条件时（判断值为真，值为非零）执行语句块，不满足判断条件时（判断值为假，值为0）不执行语句块，直接跳过。条件表达式可以是关系表达式、逻辑表达式或算数表达式

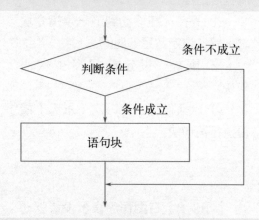

【示例6】示例程序表示每次VEX IQ碰撞传感器被按下时，播放一次音效。"如果……那么……"型控制指令块可以被"嵌套"或置于永久循环指令块内，以保证每次都会播放音效而不是只播放一次。

（2）"如果……那么……否则……"

这是两路分支结构，先对条件表达式进行判断，如果条件成立，则执行语句块1，如果条件不成立，则执行语句块2。

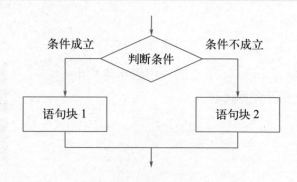

【示例7】本例演示如果VEX IQ传感器"触碰LED"被触碰，则亮绿灯，如果它未被触碰，则亮红灯。"如果……那么……否则……"型控制指令块可以被"嵌套"或置于永久循环指令块内，以保证触碰LED后不止运行一次。

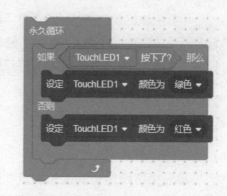

（3）"如果……那么……否则如果……那么……否则"

该指令块是由"如果……那么……否则……"指令块经过二次（也可多次）嵌套后形成的多分支选择结构。下图是一个两层嵌套的选择结构。由上向下依次判断，如果判断条件1成立，则执行语句块1。如果条件1不成立，则进入嵌套选择结构，进行条件表达式2的判断，如果条件2成立，则执行语句块2。如果所有判断都不成立，则执行语句块3。点击指令块中的"▶"可以增加更多条件，形成*n*层嵌套。

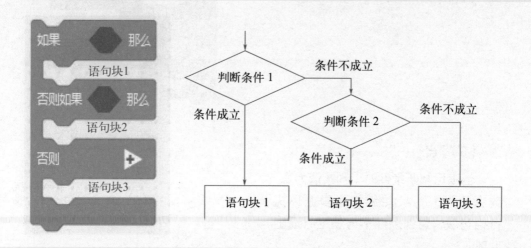

（4）等到

等待满足判断条件时（判断值为真，或者值为1）才执行下一条指令。

【示例8】本例演示传感器"触碰LED"亮黄灯，然后等到"触碰LED"被按下后，主控器屏幕将打印"yes！"。

（5）重复直到

重复执行所包含的语句块直到满足判断条件时（判断值为真，或者值为1）结束。

【示例9】本例程序演示小车保持前进，直到碰撞传感器（Bumper5）撞到物体（布尔条件报告为真值）为止。然后主控器屏幕上显示"danger!"，播放警报声，并且小车后退200mm，然后停止。

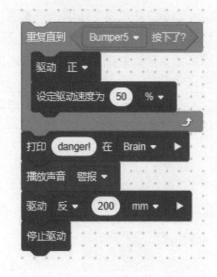

（6）"当……"

当满足判断条件时（判断值为真，或者值为1），while结构重复循环执行语句块，直到条件不再满足时退出循环。

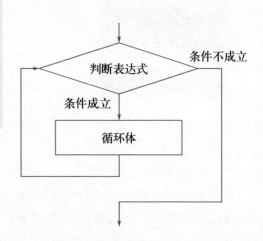

【示例10】本例演示当条件"主控器计时器秒数值小于5"成立时，小车以50%速度前进，当条件不成立时，小车停止。

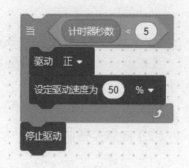

（7）退出循环

直接退出一个正在重复的循环。

【示例11】本例演示正向驱动底盘运动并检验VEX IQ主控器左键是否被按下。如果左键被按下，"退出循环"指令块将使程序退出永久循环，然后底盘停止运动。

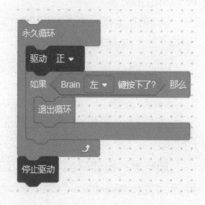

3.4.5 "传感"指令块

在没有添加设备时，传感指令块主要是VEX IQ主控器内置的传感器指令块。

（1）主控传感

重置计时器：重置VEX IQ主控器的计时器。

计时器秒数：报告VEX IQ主控器计时器秒数值。

光标列数：报告VEX IQ主控器屏

主控传感

幕光标位置的列数。

光标行数：报告VEX IQ主控器屏幕光标位置的行数。

主控器按键按下：报告VEX IQ主控器的某一个按键是否被按下。可选择的值有"左""右""确认"。

电量百分比：报告VEX IQ主控器电池的电量水平。

（2）陀螺仪传感

设定陀螺仪归位：设定陀螺仪传感器当前归位为指令块中的值。

设置陀螺仪转向：设定VEX IQ陀螺仪转向角度为指令块内设定的值。

归位角度值：报告陀螺仪当前归位的角度值。

转向角度值：报告陀螺仪传感器当前转向的角度值。

（3）惯性传感

校准："校准"可以减少VEX IQ二代主控器内置惯性传感器产生的运动误差。

加速度：报告来自VEX IQ二代主控器惯性传感器的一个轴（x、y或z）的加速度值。

速率：从VEX IQ二代主控器惯性传感器的一个轴（x、y或z）获取旋转速率。

定位：获取VEX IQ二代主控器惯性传感器的方向角度。报告VEX IQ二代主控器惯性传感器特定的方向角度。

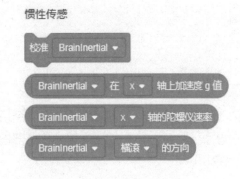

3.4.6 "运算"指令块

使用相应的运算符对各种常量、变量或数据进行运算。

① 加法：把任意两个值加起来，并报告总和。

② 减法：从一个值减去另一个值并报告差值。

③ 乘法：乘以两个值并报告乘积。

④ 除法：第一个值除以第二个值并报告除法运算值。

⑤ 随机数：从指令块指定的最小值和最大值之间，随机报告一个值。

⑥ 大于：报告第一个值是否大于第二个值。

⑦ 小于：报告第一个值是否比第二个值小。

⑧ 等于：报告第一个值和第二个值是否相等。

⑨ 与：判断两个布尔条件是否均为真值。

⑩ 或：判断两个布尔条件中的一个是否为真。

⑪ 非：判断"布尔结果的相反值"是否为真。

⑫ 取整：将输入的值取整至最近的整数。

⑬ 函数：执行一个选定的函数。

● 绝对值：取绝对值。

● 下取整：向下取最近的整数值。

● 上取整：向上取最近的整数值。

● 平方根：求平方根。

● sin：正弦函数。

● cos：余弦函数。

● tan：正切函数。

● asin：反正弦函数。

● acos：反余弦函数。

● atan：反正切函数。

● ln：以自然数e为底的对数。

● log：以10为底的对数。

● e^：自然数e的幂次方。

● 10^：10的幂次方。

⑭ 取余：用第二个值除第一个值并报告余数。

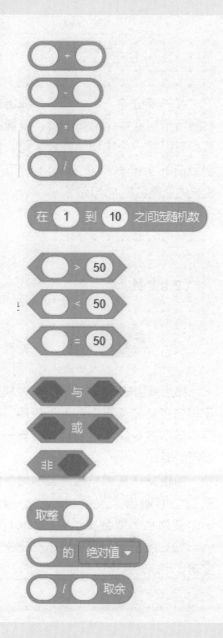

3.4.7 "变量"指令块

变量是程序执行过程中可以变化的量。"变量"类指令包括一系列可以对变量进行操作的指令。

(1) 定义一个变量

定义一个变量

点击按钮"定义一个变量"，弹出如右图所示对话框定义新变量，变量的名称可以是一个字母，或者字母、数字组成的字符串，VEXcode IQ支持最长的变量名称为20位。

(2) 变量

myVariable

报告变量的值。"变量"指令块用于报告存储在变量中的值。使用"设定变量"指令块可以设定或更新一个变量的值。

当定义了变量，就会显示对应的变量。例如当定义了abc、x、yy这三个变量后，就会显示变量abc、x、yy，如右图所示。鼠标右击已定义的变量，可以对其重命名或者删除。

（3）设定变量

设定变量为一个指定值。

选择一个已定义变量，然后对其变量值进行设定。"设定变量"指令块可使用小数、整数或数字指令块。

【示例12】设定"abc"变量值为VEX IQ距离传感器感应的值，然后使用"abc"变量来设定底盘速度。

（4）修改变量

修改变量是指根据指定的值修改变量。

选择一个已定义变量，然后根据指定值对原变量值进行修改。"修改变量"指令块可接受小数、整数或数字指令块。

【示例13】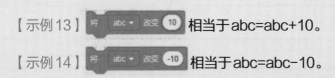相当于abc=abc+10。

【示例14】 相当于abc=abc−10。

【示例15】右方示例程序表示每重复循环一次，底盘速度变量值将增加10%。

（5）创建一个布尔变量

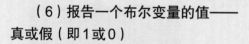

点击按钮"创建一个布尔变量"，弹出如右图所示对话框，然后输入新布尔变量名称以定义一个新布尔变量。布尔变量的名称可以为一个字母，或者字母、数字组成的字符串，VEXcode IQ支持最长的变量名称为20位。布尔变量指令块用于报告存储在该变量内的布尔值。布尔值也叫逻辑值，其值为"真"（常用"1"表示）或"假"（常用"0"表示）。

（6）报告一个布尔变量的值——真或假（即1或0）

该指令块为六角形指令块

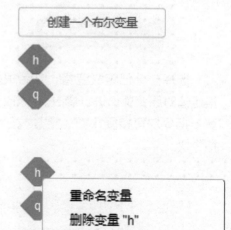

当定义了布尔变量，就会显示对应的变量。例如当定义了q、h这两个布尔变量后，就会显示布尔变量q、h，如右图所示，鼠标右击已定义的布尔变量，可以重命名变量或者删除变量。

（7）设定值

设定某一个布尔变量为一个指定值（真或假，即1或0）。

（8）定义一个数组

数组（array）是在程序设计中，为了便于处理数据，把相同类型的若干数据元素按有序的方式组织起来的一种形式。这些有序排列的同类数据元素的集合称为数组。数组名就是该数据集合的名称。组成数组的各个变量称为数组的分量，也称为数组的元素，有时也称为下标变量。"下标"是用于区分数组各个元素的数字编号。

点击按钮"  "，弹出如右图所示对话框，可定义新数组的名称。数组的名称可以为一个字母，或者字母、数字组成的字符串，VEXcode IQ支持最长的变量名称为20位。数组长度就是数组内的元素个数，即1～20个。

当定义了数组，指令块区就会增加关于数组的4个指令块，如右图所示。

（9）报告一个数组中某个元素的值

"元素"指令块可接受小数、整数或数字指令块。

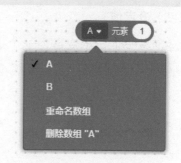

说明：选择使用哪一个数组，该数组也可以被重命名或删除。

例如右图示例程序中，输入数组内元素的位置序号为2，则报告数组中第2个元素的值。

（10）更新数组中某个元素的值

置换元素指令块可用于更新数组中某个元素的值，可接受小数、整数或数字指令块。

说明：选择使用哪一个数组，该数组也可以被重命名或删除。

右图示例程序表示将数组A中的第二个元素的值更新为15。

（11）通过输入数值来设定数组每个元素值

数组的长度（1—10）在数组生成时已设定。选择某一个数组后，可使用"设定数组"指令块来设定该数组中每个元素的值。该指令块可接受小数、整数或数字指令块。

右图示例程序表示设置数组A中元素的值分别为0、5、10、15、20、25。

（12）报告一个数组中元素的数量

说明：选择使用哪一个数组（该数组也可以被重命名或删除）并报告其元素数量。

右图示例程序表示在主控器屏幕上打印数组A的长度（即6）。

（13）定义一个二维数组

二维数组本质上是以数组作为数组元素的数组，即数组中的每个元素也是一个数组，类型说明符为：数组名 [常量表达式x] [常量表达式y]。二维数组又称为矩阵，包括 x 行 y 列数据。行列数相等 $(x = y)$ 的矩阵称为方阵。方阵中有一些特殊方阵，如对称矩阵、对角矩阵等。对称矩阵是指以主对角线为对称轴，各元素对应相等的方阵（ $a[i][j] = a[j][i]$ ），而对角矩阵是除主对角线外其他都是零元素的方阵。

点击按钮" 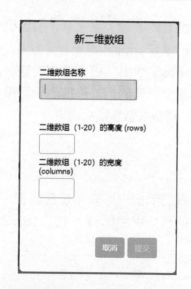 "，弹出如右图所示对话框后可定义新二维数组。数组的名称可以为一个字母，或者字母、数字组成的字符串，VEXcode IQ支持最长的变量名称为20位。数组长度、高度均可设为1 ~ 20之间的某个值，但是注意VEXcode IQ二维数组元素最大数量为100（即行数 × 列数 ≤ 100）。

当定义了数组，指令块区就会增加关于数组的4个指令块，如右图所示。

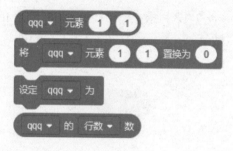

（14）报告一个二维数组中某个位置的元素值

输入数组内被报告的元素的行（第一个数字）和列（第二个数字）位置。元素指令块可接受小数、整数或数字指令块。

说明： 选择使用哪一个二维数组，该二维数组也可以被重命名或删除。

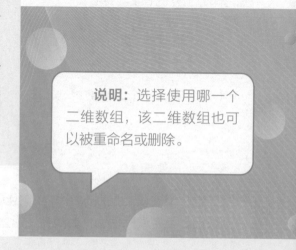

右图示例程序报告二维数组qqq中第3行第2列元素的值。

（15）置换

输入某数组（该数组也可以被重命名或删除）将要被置换元素的行（第一个数）和列（第二个数）位置。置换二维数组中某个元素为一个新的值。"置换元素"指令块可接受小数、整数或数字指令块。

右图示例程序表示更新数组qqq中第3行第2列元素的值为6。

（16）设定元素值

通过输入数值来设定二维数组每个元素值。

数组的高度、宽度在数组生成时已设定。设定数组指令块可接受小数、整数或数字指令块。

右图示例程序表示设置数组qqq中第1行1列元素值为3、第1行2列元素值为5、第2行1列元素值为2、第2行2列元素值为4、第3行1列元素值为5、第3行2列元素值为1到10之间的随机数。

（17）报告一个二维数组的行数或列数

右方示例程序表示在主控器屏幕上打印数组qqq的行数，即3。

3.4.8 创建指令块

创建指令块是用户自己编写指令块，类似子函数。创建一个用户自己定义的指令块，用于生成一系列可以在一个程序中被多次使用的指令块。

创建指令块

① 点击按钮" 创建指令块 "，弹出如右图所示对话框。
② 点击按钮" text "，可以修改或删除创建指令块的名称。

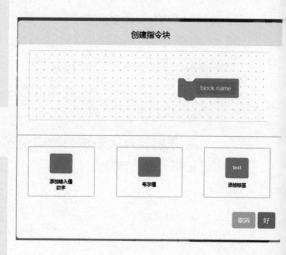

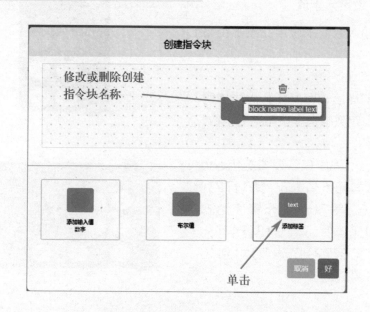

③ 点击按钮"■"，可以添加或删除数字变量，如下图所示。

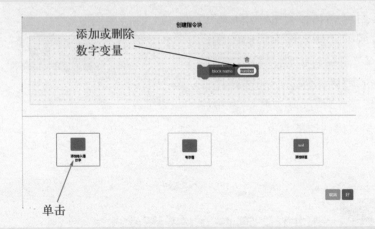

④ 点击按钮"■"，可以添加或删除布尔变量，如下图所示。

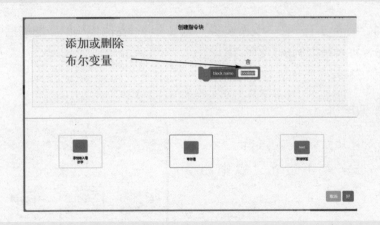

【示例16】使用"创建指令块"定义响警报声的指令块。下图程序功能为：
播放警报声3次，向前运动1000mm，播放警报声2次。

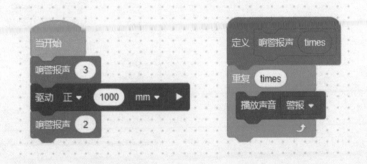

3.4.9 备注

备注用来编写描述程序的信息。备注部分将不会参与程序代码的编译和执行，它们只起说明、解释作用。对于复杂的程序，经常添加注释是非常必要的。它能帮助阅读代码者更好地理解某些程序代码的含义。

3.5 添加设备后的新指令块

下面介绍通过工具栏"设备设置"窗口添加设备后代码区新增的指令。我们以添加每一种设备为例来分别介绍。

3.5.1 双电机驱动

添加双电机驱动的步骤如下。

第一步：点击设备"双电机驱动"。

第二步：左电机选择1号端口右电机选择6号端口（选择与硬件一致的端口）。

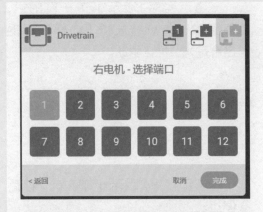

第三步：默认无陀螺仪（二代主控器内置陀螺仪），点击"完成"。

添加了"双电机驱动"后，代码区新增的指令块有"底盘"和"底盘传感"两部分。

（1）"底盘"指令块

① "驱动"指令块将永远驱动底盘运行，直到使用一个新的"底盘"指令块或程序停止。驱动时可以选择驱动的方向（正或反）。

② 驱动底盘运行一个指定距离。

③ 驱动底盘转动（左或右），直到使用一个新的"底盘"指令块或程序停止。

④ 驱动底盘转动（左或右）一定度数。

⑤ 停止驱动底盘运行。

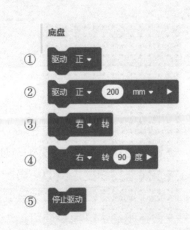

演示程序1表示小车一直前进，直到触碰传感器被按下，然后后退200毫米，停止驱动。

演示程序1

演示程序2表示小车左转2秒后停止。

演示程序2

演示程序3表示小车前进300毫米，右转90度，重复4次，即小车完成走正方形。

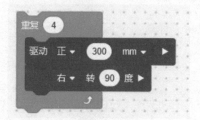

演示程序3

⑥ 设定底盘的速度，默认速度为50%。

说明：
● 设定驱动速度只会设定底盘的运行速度，但是不会导致底盘移动。要让底盘移动仍然需要一个驱动指令块。
● 设定驱动速度的范围为−100% ～ 100%，或者从−127 ～ 127r/min。
● 设定底盘速度为负值将导致底盘反向移动。
● 设定底盘速度为0将导致底盘停止。
● 设定驱动速度指令块可接受小数、整数或数字指令块。

右图程序演示以100%速度前进300毫米。

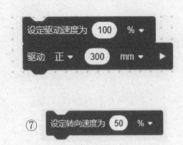

⑦ 设定底盘转向速度，默认速度为50%。

说明：
● 设定转向速度只设定底盘速度但不会导致底盘移动。要让底盘移动仍然需要一个驱动指令块。
● 设定转向速度接受范围为−100% ~ 100%，或者从−127 ~ 127r/min。
● 设定一个底盘转向速度为负值将导致底盘反向转动。
● 设定一个底盘转向速度为0将导致底盘停止。
● 设定转向速度指令块可接受小数、整数或数字指令块。

右图程序演示以30%的速度左转。

⑧ 设定底盘停止驱动时的行为。

说明：
●"刹车"将导致底盘立即停止。
●"滑行"使底盘减速转动至停止。
●"锁住"将导致底盘立即停止，同时如果有移动会转回到它停止的位置。

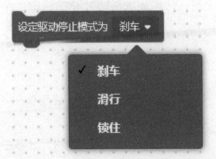

右图程序演示正向移动2秒，然后在要停止的位置锁住。

⑨ 给底盘"驱动"指令设定一个超时限制。

当驱动指令块因为某些原因未成功到达指定位置，且该指令运行时间已超过底盘时间限制，则程序会结束该条驱动指令。这样可防止驱动指令块卡在某一步而影响后续指令块的运行。例如：当机器人撞到一面墙后有可能无法移动到指定位置，这时机器人有可能因无法完成指令而"卡"在该步骤。为了防止这种情况，可以给驱动指令设置一个超时限制（如2秒），如果驱动指令执行时间超过了时间限制还无法完成，则程序会结束该条驱动指令，继续执行下一条指令。

设定驱动超时指令块可接受小数、整数或数字指令块。

右图程序演示如果底盘没有到达目标值（12英寸），在2秒后结束驱动指令。如果正常到达指定距离，底盘将继续执行右转指令。

（2）"底盘传感"指令块

① 报告底盘驱动是否结束。

"驱动已结束"指令块报告一个"真"或"假"值，且可被用在六角形空白指令块中。

当底盘电机完成驱动时，"驱动已结束"指令会报告"真"。当底盘电机仍在驱动，"驱动已结束"指令会报告"假"。

右图程序演示直到驱动结束为止。

② 报告底盘是否正在驱动。

"驱动在继续"指令块报告一个"真"或"假"值，且可被用在六角形空白指令块中。

当底盘电机正在驱动，"驱动在继续"指令会报告"真"。当底盘电机已停止，"驱动在继续"指令会报告"假"。

右图程序演示如果驱动在继续，将执行包含的指令块。

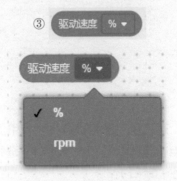

③ 报告底盘当前驱动速度。

驱动速度报告范围为-100% ~ 100%，或-127 ~ 127r/min。

选择驱动速度单位为百分比（%）或每分钟转数（rpm）。

驱动速度指令块可被用在圆形空白指令块中。

右图程序演示在主机屏幕上打印驱动速度，以%为单位。

④ 报告底盘当前电流值。

驱动电流报告范围0.0 ~ 1.2amps，驱动电流指令块可被用在圆形空白指令块中。

右图程序演示在主机屏幕上打印驱动电流。

3.5.2 四电机驱动

四电机驱动的添加步骤如下。

第一步：点击设备"四电机驱动"。

第二步：左电机选择1号和2号端口；右电机选择3号和4号端口（选择与硬件一致的端口）。

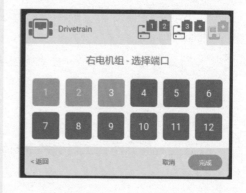

第三步：默认无陀螺仪（二代主控器内置陀螺仪），点击"完成"。

添加了"四电机驱动"后，代码区新增的指令块有"底盘"和"底盘传感"两部分，这和前面添加了"双电机驱动"后情况类似，内容不再赘述。我们要注意，只能添加一种驱动方式：双电机或四电机驱动。

3.5.3 电机或电机组

前面我们发现添加设备"双电机驱动"或"双电机驱动"都会在代码区增加相同的指令块。同样添加设备"电机"或"电机组"，也会增加相同的指令块。有区别的是可以添加多个"电机"或"电机组"。所以，添加这2种设备的情况将在下面一起讲解。

第一步：点击设备"电机"或"电机组"。

第二步：添加电机组。电机选择1号和2号端口，选择与硬件一致的端口，默认两个电机分别为正向、反向，点击"完成"。

第三步：添加电机。电机选择3号端口，选择与硬件一致的端口，默认电机分别为正向、反向，点击"完成"。

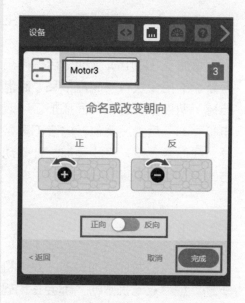

添加了"电机"或"电机组"后，代码区新增的指令有"运动"和"电机传感"两部分。

（1）"运动"指令块

① 转。转动一个VEX IQ智能电机或电机组，直到停止。

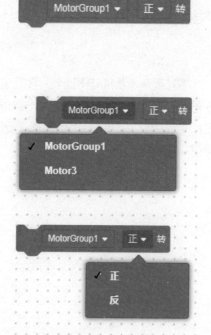

"转"指令块将永远转动一个电机或电机组，直到使用一个新的电机指令块或程序停止。指令块左侧下拉菜单中可选择使用哪一个电机或电机组，右侧下拉菜单可选择转动的方向，方向名称可以在设备窗口更改。

② 按指定方向转至某个转位。按指定方向转动一个电机或电机组到指定的度数或转数。

让电机或电机组转动一定的度数或转数。指令块左侧下拉菜单可选择使用哪一个电机或电机组，中间下拉菜单选择转动的方向，指令块右侧下拉菜单可选择转动的度数或转数。转动方向名称可以在设备窗口更改。

默认情况下，其他指令块将会等待该指令执行直到完成转动。如果不想等待，也可以在指令块右侧箭头处选择"并且不等待"，这将使其他指令块在电机转动的同时继续运行。

③ 转至转位。转动一个电机或电机组至设定的转位。

让电机或电机组转动到一个设定转位。根据电机当前转位，"转至转位"指令将决定转动的方向。"转至转位"指令块可接受小数、整数或数字指令块。指令块左侧下拉菜单选择使用哪一个电机，右侧下拉菜单可选择单位（度数或转数）。

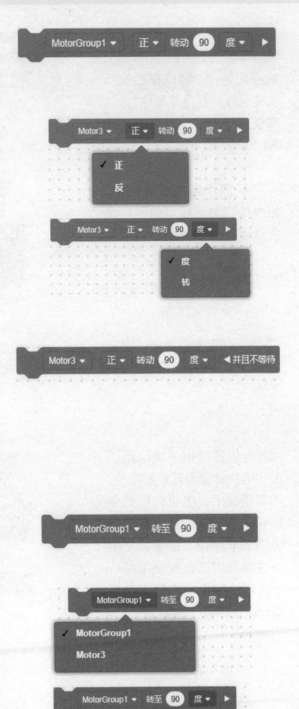

默认情况下，其他指令块将等待直到电机完成转动。如不想等待，可以在右侧箭头处选择"并且不等待"，这将使其他指令块在电机转动的同时继续运行。

④ 停止电机或电机组。指令块左侧下拉菜单可以选择停止哪一个电机。

⑤ 设定电机转位。设定VEX IQ电机编码器转位至输入值。

电机转位指令块可用于设定电机转位为任意指定值。通常情况下，电机转位指令块通过设定转位为0来重置电机编码器转位。指令块左侧下拉菜单可以选择使用哪一个电机，指令块右侧下拉菜单可以选择单位为度或转。

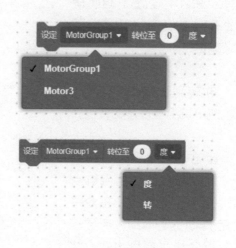

右图示例程序表示电机组MotorGroup1转至45度。

⑥ 设定电机转速。设定VEX IQ电机编码器转位为输入值。

设定电机转速接受范围为-100% ~ 100%，或者-127 ~ 127r/min。

设定一个电机转速为负值，将导致电机反转。

设定一个电机转速为0，将导致电机停止。

指令块左侧下拉菜单可以选择使用哪一个电机，右侧下拉菜单可以选择转速单位为百分比或转每分钟（rpm）。

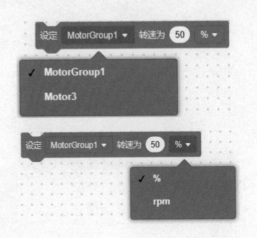

右图程序表示设定电机组MotorGroup1转速为30%，转至90度转位。

⑦ 设定电机停止模式。设定VEX IQ智能电机停止时的行为。

"刹车"：电机立即停止。

"滑行"：电机逐渐减速直到停止。

"锁住"：底盘立即停止，同时如果有移动会转回到它停止的位置。

注意：设定电机停止将对随后程序中所有电机指令生效。

指令块左侧下拉菜单可以选择使用哪一个电机或电机组，右侧下拉菜单可以选择电机或电机组停止模式。

右图程序表示机械臂电机正转90度，然后抵抗外部作用力（如重力）来锁住它的位置。

⑧ 设定电机扭矩。设定VEX IQ智能电机的力量。

设定电机扭矩接受范围为0 ~ 100%。设定电机扭矩指令块可接受小数、整数或数字指令块。指令块左侧下拉菜单可以选择使用哪一个电机或电机组。

右图程序表示设置最大扭矩为20%来转动钳爪电机转位至40度，这将使得钳爪可以抓取一个物体，且不会因为力量过大而损坏物体。

⑨ 设定电机超时。针对VEX IQ智能电机或电机组运动指令设定一个时间限制。当驱动指令块因为某些原因未成功到达指定转位（如一个机械臂达到机械限制而无法完成转动），且该指令运行时间已超过底盘时间限制，则程序会结束该条指令。这样可防止驱动指令块卡在某一步而影响后续指令块的运行。设定电机超时指令块可接受小数、整数或数字指令块。

右图程序表示如果钳爪电机未达到270度位置，会在2秒后结束"设定电机"指令，当到达时间限制或达到目标，钳爪电机将转位到0度。

（2）"电机传感"指令块

VEX IQ智能电机不仅像大多数电机一样可将电能转化为机械能，还具有大多数电机所不具备的一些"智能"特性。其中一个重要特点是正交编码器。

通过VEX IQ智能电机的正交编码器报告可以确定：
● 电机转动方向（正转/反转或开/关）；
● 电机的位置以及转动量（以转数或度数为单位）；
● 电机转动的速度（基于编码器的位置数据和跟踪时间）。

由于正交编码器可报告电机的状态，VEXcode IQ Blocks程序可以调用许多运动和传感块状态。

① 电机已结束。报告指定的电机或电机组转动是否已完成。

"电机已结束"指令块报告一个真值或假值，且可被用在六角形空白指令块中。当指定的电机转动已完成，"电机已结束"报告真值；当指定的电机仍在转动，"电机已结束"报告假值。右图为选择使用哪一个电机或电机组。

右图程序表示等待直到电机组MotorGroup2转动完成。

② 电机在转动。报告指定的电机或电机组当前是否在转动。

"电机在转动"指令块报告一个真值或假值，且可被用在六角形空白指令块中。当指定的电机转动正在转动，"电机在转动"报告真值；当指定的电机转动已停止，"电机在转动"报告假值。右图为选择使用哪一个电机或电机组。

右图程序表示等待直到电机组MotorGroup2在转动。

③ 电机转位。报告电机已转动的距离。"电机转位"以整数数值角度和小数数值转数报告电机转位。指令块左侧可以选择使用哪一个电机，指令块右侧可以选择电机转位的单位为角度或转数。"电机转位"指令块可被用在圆形空白指令块中。

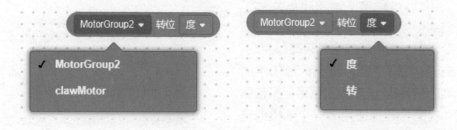

右图程序表示在主机屏幕上显示电机组MotorGroup2的转位。

④ 电机转速。报告VEX IQ智能电机当前转速。电机转速报告范围为-100% ～ 100%，或-127 ～ 127r/min（即屏幕上的rpm）。指令块左侧可以选择使用哪一个电机，右侧可以选择电机转速单位为百分比（%）或每分钟转数（rpm）。"电机转位"指令块可被用在圆形空白指令块中。

右图程序表示在主机屏幕上显示电机组MotorGroup2的转速。

⑤ 电机电流。报告VEX IQ电机当前使用的电流（amps）。电机电流报告范围为0.0 ～ 1.2 amps。"电机电流"指令块可被用在圆形空白指令块中。指令块左侧下拉菜单可以选择使用哪一个电机或电机组。

右列程序表示在控制台上打印电机组MotorGroup2的电流。

3.5.4 碰撞传感器

添加碰撞传感器的步骤如下。

第一步：点击设备"碰撞传感器"。

第二步：选择8号端口（选择与硬件一致的端口）。

第三步：点击"完成"。

添加了"碰撞传感器"后，代码区会新增指令：碰撞传感，用于报告VEX IQ碰撞是否被按下。

碰撞传感

如果碰撞开关被按下，"碰撞开关按下"报告真值。如果碰撞开关未被按下，"碰撞开关按下"报告假值。指令块左侧下拉菜单可以选择碰撞开关。

右图程序表示驱动机器人一直正向前进，直到碰撞传感器Bumper8被按下。

3.5.5 距离传感器（第一代）

添加距离传感器（第一代）的步骤如下。

第一步：点击设备"距离传感器"（第一代）。

第二步：选择3号端口（选择与硬件一致的端口）。

第三步：点击"完成"。

添加"距离传感器（第一代）"后，代码区新增的指令为：距离感应（第一代）。

① 发现对象。报告VEX IQ距离传感器（第一代）是否在它测距范围内检测到一个对象。

"发现对象"指令块报告一个"真"或"假"值，且可被用在六角形空白指令块中。当距离传感器在测距范围内检测到一个对象或平面，"发现对象"报告真值；当距离传感器在测距范围内未检测到一个对象或平面，"发现对象"报告假值。

指令块左侧下拉菜单可以选择距离传感器。

右图程序表示如果发现对象，驱动将前进，否则停止。

② 距离。报告离VEX IQ测距仪最近物体的距离值。报告范围为24 ~ 1000mm，或1 ~ 40英寸。"距离"指令块可被用在圆形空白指令块中。指令块左侧下拉菜单可以选择测距仪，指令块右侧下拉菜单可以选择距离报告单位。

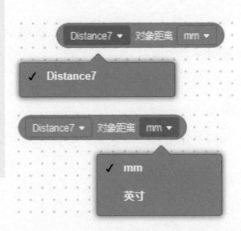

距离传感器（第二代）

添加距离传感器（第二代）的步骤如下。

第一步：点击设备"距离传感器"（第二代）。

第二步：选择7号端口（选择与硬件一致的端口）。

第三步：点击"完成"。

添加"距离传感器（第二代）"后，代码区新增的指令为距离感应（第二代）。

① 距离。报告离VEX IQ测距仪最近物体的距离值。报告范围为24～1000mm，或1～40英寸。"距离"指令块可被用在圆形空白指令块中。指令块左侧下拉菜单可以选择测距仪，指令块右侧下拉菜单可以选择距离报告单位。

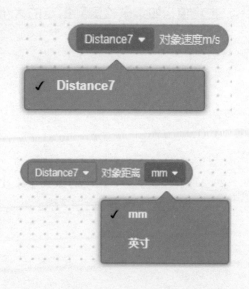

距离感应（第二代）

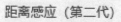

② 对象速度。报告离VEX IQ测距仪最近物体的当前速度，单位为m/s（米/秒），"对象速度"指令块可被用在圆形空白指令块中。指令块左侧下拉菜单可以选择距离传感器。

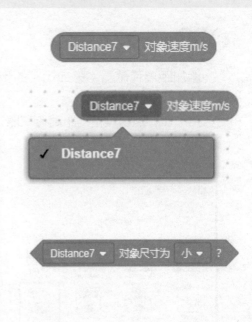

③ 对象尺寸。报告距离传感器是否检测到相应尺寸的对象。传感器根据反射回传感器的光量确定检测到的物体的大小（小、中、大）。指令块左侧下拉菜单可以选择距离传感器，指令块右侧下拉菜单可以选择要传感器检查的对象大小。

"对象尺寸"为布尔指令块，报告一个"真"或"假"值，可被用在六角形空白指令块中。当距离传感器检测到指定大小尺寸时，"对象尺寸"报告真值；如果未检测到指定的大小，"对象尺寸"报告假值。

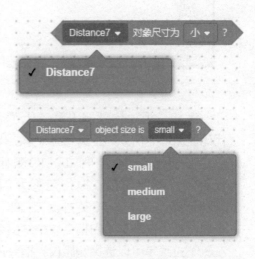

右图程序表示如果对象大小（小）报告为真值，驱动将后退2秒。

④ 发现对象。报告VEX IQ距离传感器是否在它的测距范围内检测到一个对象。"发现对象"布尔指令块报告一个"真"值或"假"值，且可被用在六角形空白指令块中。当距离传感器在测距范围内检测到一个对象或平面，"发现对象"报告真值；当距离传感器在测距范围内未检测到一个对象或平面，"发现对象"报告假值。

指令块左侧下拉菜单可以选择距离传感器。

右图程序表示如果发现对象，驱动将前进，否则停止。

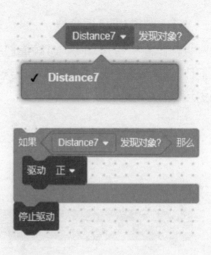

3.5.7 触摸LED

触摸LED也叫触碰LED，或Touch LED。添加触摸LED的步骤如下。

第一步：点击设备"触摸LED"。

第二步：选择5号端口（选择与硬件一致的端口）。

第三步：点击"完成"。

触摸LED具有两种功能，LED彩灯功能和触摸传感器功能。添加了触摸LED，代码区新增的指令为"触摸LED"和"触摸LED传感"。

（1）触摸LED指令块

① 距离。设定VEX IQ触摸LED颜色。指令块左侧下拉菜单可以选择触碰LED，指令块右侧下拉菜单可以选择将要显示的颜色。要关闭触碰LED颜色，设定颜色为无色。

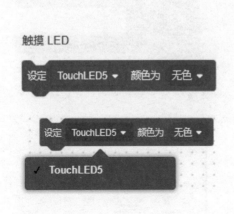

② 设定触摸LED变色速度。设定VEX IQ触摸LED在不同颜色之间变换的速度快慢。

指令块左侧下拉菜单可以选择使用哪一个触摸LED，指令块右侧下拉菜单可以选择触摸LED变色的速度快慢。

● 慢：触摸LED将缓慢变色为一个新的颜色。

● 快：触摸LED将快速变色为一个新的颜色。

● 灭：触摸LED将立刻改变颜色。

右图程序表示触摸LED缓慢变色为蓝色。

③ 设定VEX IQ触摸LED亮度。设定触摸LED亮度接受范围为0～100%，可接受整数或数字指令块。指令块左侧下拉菜单可以选择使用哪一个触摸LED。

右图程序表示触摸LED亮度为25%，亮起绿灯。

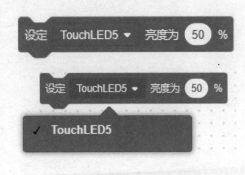

（2）触摸LED传感指令块

触摸LED按下：报告VEX IQ触摸LED是否被按下。"触摸LED按下"指令块报告一个"真"值或"假"值，且可被用在六角形空白指令块中。如果选择的触摸LED被按下，"触摸LED按下"报告真值；如果选择的触摸LED未被按下，"触摸LED按下"报告假值。

指令块左侧下拉菜单可以选择使用哪一个触摸LED。

右图程序表示当触摸LED被触摸，爪电机（claw Motor）将转动至90度。

3.5.8 颜色传感器（辨色仪）

添加颜色传感器的步骤如下。
第一步：点击设备"辨色仪"。

第二步：选择3号端口（选择与硬件一致的端口）。

第三步：点击"完成"。

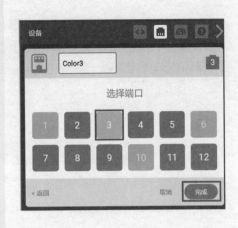

添加辨色仪后，代码区新增指令"颜色传感"。

① 靠近对象。报告VEX IQ辨色仪是否检测到一个对象靠近。"靠近对象"，指令块报告一个"真"值或"假"值，且可被用在六角形空白指令块中。当辨色仪检测到一个对象或表面靠近传感器前方，"靠近对象"报告真值；当辨色仪检测到传感器前方空白，"靠近对象"报告假值。

指令块左侧下拉菜单可以选择使用哪一个辨色仪。

右图程序表示如果靠近对象，播放警报声。

② 颜色检测。报告VEX IQ辨色仪是否检测到指定颜色。"颜色检测"指令块报告一个"真"值或"假"值，且可被用在六角形空白指令块中。当辨色仪检测到指定颜色时，"颜色检测"报告真值；当辨色仪未检测到指定颜色时，"颜色检测"报告假值。

指令块左侧下拉菜单可以选择使用哪一个辨色仪，指令块右侧下拉菜单可以选择检测哪一种颜色。

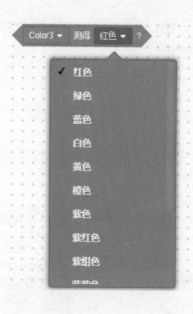

右图程序表示根据辨色仪是否检测到"红色"，在主机屏幕显示"红色"或"其他颜色"。

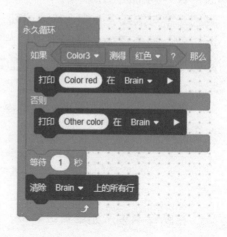

③ 颜色。报告辨色仪检测到的颜色名称。报告以下颜色中的一种：红色、紫红色、紫罗兰色、蓝紫色、蓝色、蓝绿色、绿色、黄绿色、黄色、橙黄色、橙色、橙红色。"颜色"指令块可被用在圆形空白指令块中。指令块左侧下拉菜单可以选择使用哪一个辨色仪。

右图程序表示设定触摸LED颜色为辨色仪检测到的颜色。

④ 亮度百分比。报告辨色仪检测到的光线亮度。亮度百分比报告范围为0 ~ 100%。指令块左侧下拉菜单可以选择使用哪一个辨色仪。"亮度百分比"指令块可被用在圆形空白指令块中。

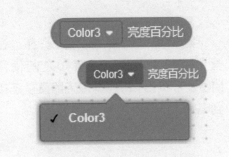

⑤ 色调。报告VEX IQ辨色仪检测的颜色色调值。色调报告范围为0 ~ 360（如右图）。"色调"指令块可被用在圆形空白指令块中。指令块左侧下拉菜单可以选择检验哪一个辨色仪。

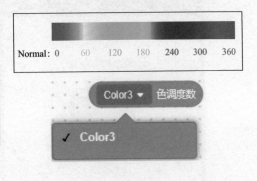

3.5.9 视觉传感器

添加视觉传感器的步骤如下。

第一步：点击设备"视觉传感器"。

第二步：选择4号端口（选择与硬件一致的端口），弹出对话框。

第三步：点击"设置"。在"设置"屏幕上选择"设置"之前使用 Micro USB 线将视觉传感器直接连接到电脑。

第四步：在视觉传感器前面放置一个物体，然后选择冻结（Freeze）。

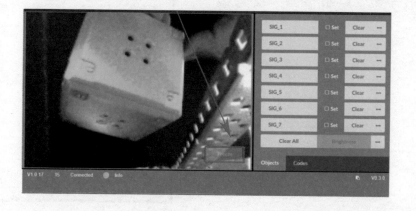

第五步：选择屏幕上的图像并在其周围拖动一个边界框。然后选择七个标记其中一个。确保选择尽可能少的背景。在这个例子中，选择了SIG_1。

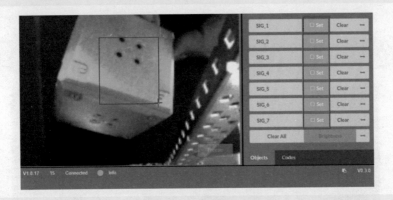

第六步：选择滑块图标校准颜色标记。移动滑块，直到大部分彩色对象被高亮显示，而背景和其他物体没有被高亮显示。

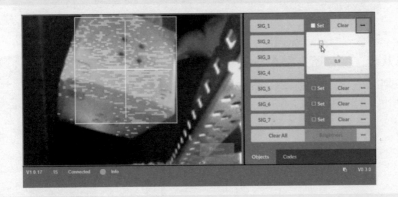

第七步：通过选择其标签并输入名称来命名并保存标记。在这里，SIG_1被保存为G_CUBE。

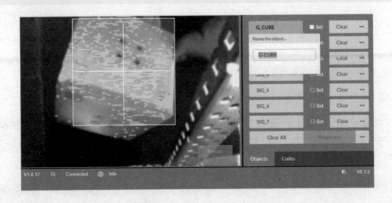

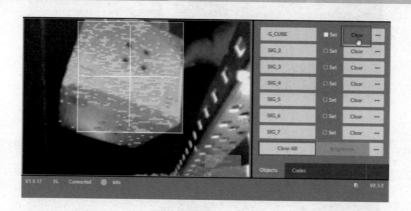

第八步:保存所有要包含的标记后,关闭以退出设置窗口,然后选择"完成"。

使用"视觉传感器"对象指令块,步骤如下:

① 使用设备窗口设置视觉传感器。

② 使用"拍照"来捕捉一个视觉传感器画面并寻找某个标记/颜色编码。

③ 使用"对象存在"来检验视觉传感器是否检测到了需要的标记/颜色编码。

当视觉传感器检测到一个对象,可以使用其他"视觉传感器"指令块来获取更多检测到的对象信息。

● 使用"设定视觉传感器对象标号"来设定你想获取更多信息的已检测对象。默认情况下，使用检测到的最大对象。

● 使用"对象数目"来决定需要被检测到的标记/颜色编码对象数量。

● 使用"视觉传感器对象"来决定报告对象的哪些信息。

"视觉传感"指令块有如下几种。

① 拍照。使用视觉传感器拍照并寻找某个标记/颜色编码。"拍照"指令块从视觉传感器的当前画面中寻找将被处理和分析的颜色标记/编码。一般在使用其他视觉传感器指令块之前，需要一个"拍照"指令。

指令块左侧下拉菜单可以选择使用哪一个视觉传感器，指令块右侧下拉菜单可以选择视觉传感器标记。视觉传感器标记在设备窗口中配置。

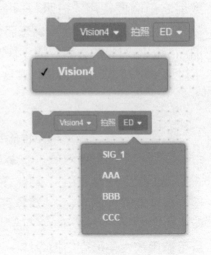

右图程序表示选择视觉传感器Vision4拍照，并寻找SIG-1标记。

② 设定视觉传感器对象标号。从检测到的对象之中设定对象（你想要获取更多信息的那个对象）标号。

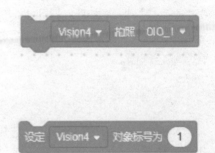

"对象数目"指令块可用在"设定视觉传感器对象标号"指令块之前来决定检测到的对象数目。"设定视觉传感器对象标号"指令块可接受整数或数字指令块。指令块左侧下拉菜单可以选择使用哪一个视觉传感器。

③ 对象数目。报告视觉传感器检测到的对象数量。

在"对象数目"指令块报告对象数目之前需要使用"拍照"指令块。"对象数目"指令块只会检测来自最后拍照标记的对象的数目。指令块左侧下拉菜单可以选择使用视觉传感器。

④ 对象存在。报告视觉传感器是否检测到一个已配置对象。一个对象需要被配置，在此之后，"对象存在"指令块才能够检测到它。"对象存在"指令块报告一个"真"值或"假"值，且可被用在六角形空白指令块中。当视觉传感器检测到一个已配置对象，"对象存在"报告真值；当视觉传感器未检测到一个已配置对象，"对象存在"报告假值。

指令块左侧下拉菜单可以选择使用视觉传感器。

注意: 在"对象存在"布尔指令块报告一个"真"值或"假"值之前需要使用"拍照"指令块。

右图程序表示驱动机器人一直前进,直到视觉传感器Vision4发现对象存在,并在主机屏幕上打印"Found Object"。

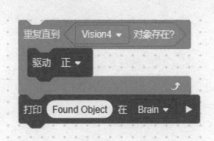

⑤ 视觉传感器对象。报告视觉传感器检测到的一个对象信息。

"视觉传感器对象"报告指令块可被用在圆形空白指令块中。指令块左侧下拉菜单可以选择使用视觉传感器。指令块右侧下拉菜单可以选择报告视觉传感器的哪一项值。

● 宽度:对象像素有多宽,返回值范围为2 ~ 316px。

● 高度:对象像素有多高,返回值范围为2 ~ 212px。

● 中心X轴:报告检测到对象的中心点X轴坐标,返回值范围为0 ~ 315px。

● 中心Y轴:报告检测到对象的中心点Y轴坐标,返回值范围为0 ~ 211px。

● 夹角:报告检测到对象的角度,返回值范围为0 ~ 180°。

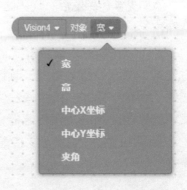

3.5.10 光学传感器

添加光学传感器的步骤如下。

第一步：点击设备"光学传感器"。

第二步：选择5号端口（选择与硬件一致的端口）。

第三步：点击"完成"。

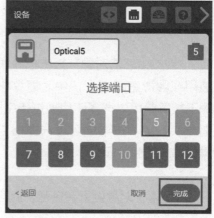

添加光学传感器后，代码区新增指令："光学传感"。光学传感指令块有如下几种。

① 设置光学传感器模式。可以将光学传感器设置为检测"颜色"模式或"手势"模式。指令块左侧下拉菜单选择要使用的光学传感器，指令块右侧下拉菜单选择光学传感器的模式。

② 设置光学传感器。将光学传感器上的灯设置为打开或关闭。如果传感器要在黑暗区域工作，打开灯光可以让传感器更容易看到物体。指令块左侧下拉菜单选择要使用的光学传感器。指令块右侧下拉菜单选择是否将光学传感器上的灯光设置为"亮"或"灭"。

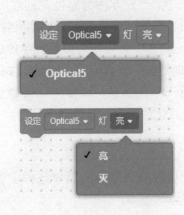

右图程序表示设置光学传感器打开灯光。然后，如果光学传感器检测到一个物体，将物体的颜色打印在主机屏幕上。

③ 设置光学传感器灯的亮度。设置的灯光亮度可接受 0 ~ 100% 的范围。这将改变光学传感器上灯光的亮度。设置的光亮度功率块可以接受小数、整数或数字命令块。指令块左侧下拉菜单选择要使用的光学传感器。

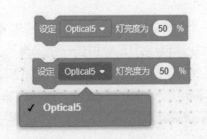

右图程序表示设置的光学传感器的灯光亮度为50%，打开灯。然后，如果光学传感器检测到一个物体，色度值就会被打印到主机屏幕上。

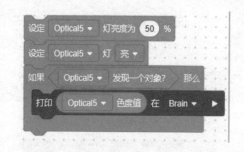

④ 光学传感器发现对象。报告光学传感器是否检测到靠近它的物体。光学传感器"发现对象"指令块报告"真"值或"假"值，可被用在六角形空白指令块中。当光学传感器检测到靠近它的物体时，光学传感器"发现对象"报告为真；如果光学传感器未检测到物体，"发现对象"将报告为假。光学传感器"发现对象"块可应用于检查物体是否靠近光学传感器，以便光学传感器探测色块的颜色读数能更准确。

指令块左侧下拉菜单选择要使用的光学传感器。

右图程序表示当光学传感器检测到一个对象，驱动将后退200mm。

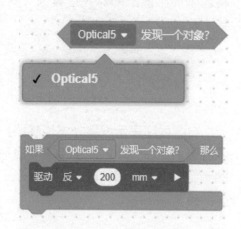

⑤ 光学传感器检测颜色。报告光学传感器是否检测到指定颜色。光学传感器"检测颜色"命令报告一个"真"值或"假"值，可被用在六角形空白指令块中。当光学传感器检测到指定颜色时，光学传感器"检测颜色"报告为"真"；如果未检测到指定的颜色，光学传感器"检测颜色"将报告为"假"。指令块左侧下拉菜单选择要使用的光学传感器，指令块右侧下拉菜单选择指定的颜色。

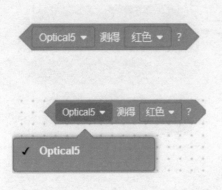

右图程序表示如果光学传感器检测到红色，驱动停止，否则驱动向前。

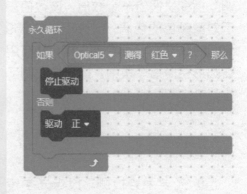

⑥ 颜色名称。报告VEX IQ光学传感器检测到的颜色。"颜色名称"报告以下颜色之一：红色、绿色、蓝色、黄色、橙色、紫色或青色。"颜色名称"指令块可被用在圆形空白指令块中。指令块左侧下拉菜单选择要使用的光学传感器。

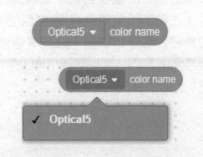

⑦ 光学亮度。报告光学传感器检测到的光的亮度。"光学亮度"指令块报告数值范围在0 ~ 100%之间，该指令块可被用在圆形空白指令块中。当它检测到大量光线时将报告高亮度值；检测到少量光线时将报告低亮度值。指令块左侧下拉菜单选择要使用的光学传感器。

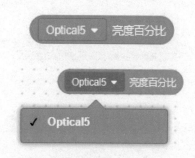

⑧ 光学色调。报告光学传感器检测的颜色色调值（色度值）。"光学色调"指令块报告一个数值，该数值表示对象颜色的色调，是介于0 ~ 359之间的数值。"光学色调"指令块可用在圆形空白指令块中。指令块左侧下拉菜单选择要使用的光学传感器。

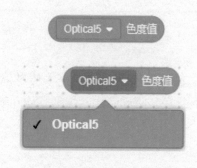

⑨ 光学手势检测。报告光学传感器是否检测到指定的手势。在使用"光学手势检测"指令块之前，需要将光学传感器设置为手势模式。指令块左侧下拉菜单选择要使用的光学传感器，指令块右侧下拉菜单选择指定手势的方向，可以选择"向上""向下""左""右"。

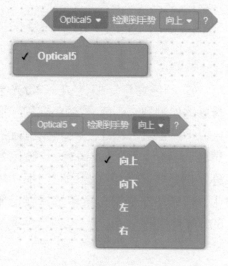

右图程序表示等待直到光学传感器检测到一个向上的手势，然后再驱动机器人前进。

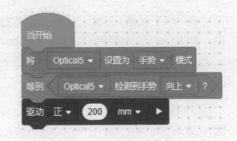

3.5.11 陀螺仪

VEX IQ二代主机内置陀螺仪，一般使用内置的陀螺仪。

添加陀螺仪的步骤如下。

第一步：点击设备"陀螺仪"。

第二步：选择7号端口（选择与硬件一致的端口）。

第三步：点击"完成"。

由于VEX IQ二代主机内置陀螺仪，所以指令区原有"陀螺仪传感"指令块。添加陀螺仪后，代码区只在原有的基础上新增加两个指令块。

① 校准陀螺仪。校准VEX IQ陀螺仪用于减小由陀螺仪产生的漂移值。在校准过程中陀螺仪必须保持静止。指令块左侧下拉菜单选择使用哪一个陀螺仪，指令块右侧下拉菜单选择校准时长。校准时间越长，漂移越小。

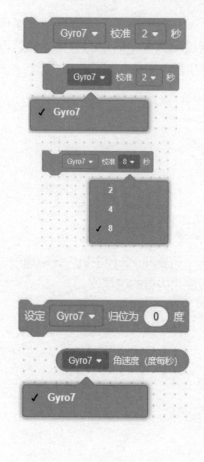

② 陀螺仪角速度。报告VEX IQ陀螺仪传感器的角速度。陀螺仪角速度报告范围为0 ~ 249.99度每秒。陀螺仪角速度的单位为"度每秒"（dps）。"陀螺仪角速度"指令块可被用在圆形空白指令块中。指令块左侧下拉菜单选择使用哪一个陀螺仪。

3.5.12 遥控器

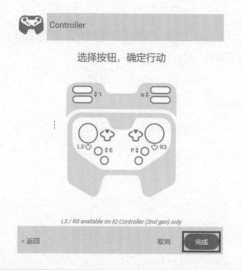

如果使用VEXcode IQ对遥控器编程，选择添加遥控器（CONTROLLER）并点"完成"。添加"遥控器"后，代码区新增的指令有"事件"和"遥控器传感"两部分。

（1）"事件"指令块

① 当遥控器按键。当指定的VEX IQ遥控器按键被按下或松开时，运行随后的指令段。

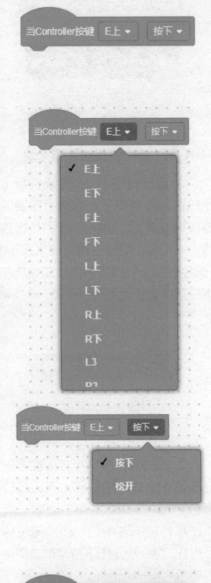

指令块左侧下拉菜单选择使用遥控器的哪一个按键。指令块右侧下拉菜单选择哪一个动作事件将被触发：按下或松开。

右图程序表示当"E上"按钮按下时，电机组2正转。

② 当遥控器操纵杆。当指定的VEX IQ遥控器操纵杆轴移动时，运行随后的指令段。指令块左侧下拉菜单选择使用遥控器的哪一个遥杆。

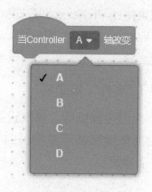

（2）"遥控器传感"指令块

① 遥控器按下。报告遥控器上某个按键是否被按下。如果指定的遥控器按键被按下，"遥控器按下"报告真值。如果指定的遥控器按键未被按下，"遥控器按下"报告假值。指令块左侧下拉菜单选择使用遥控器哪一个按键。

② 遥控器位移。报告遥控器一个摇杆沿一个轴向的位移。遥控器位移报告范围为-100 ～ 100之间。当一个操纵杆轴向在中心，遥控器位标将报告0。指令块左侧下拉菜单选择使用遥控器的哪一个遥杆。

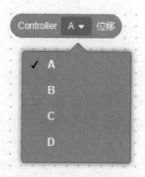

③ 遥控器启用/停用。通过下拉菜单来选择启用或停用遥控器已配置的动作。默认情况下，在每个程序中遥控器均为启用状态。

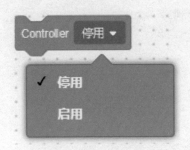

（3）遥控器不编程的使用方法

VEXcode IQ可以通过设置遥控器在不编程的情况下使用，具体方法参阅下面的介绍。

① 选择"遥控器"。

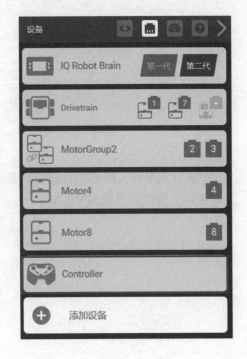

② 选择操纵杆图标，在选项之间切换，多次选择操纵杆图标将循环显示所有选项，当显示所需的驱动模式后停止。可以选择的四种驱动模式：左单杆、右单杆、分离单杆、双杆。

● 左单杆：所有运动都由左操纵杆控制。

● 右单杆：所有运动都由右操纵杆控制。

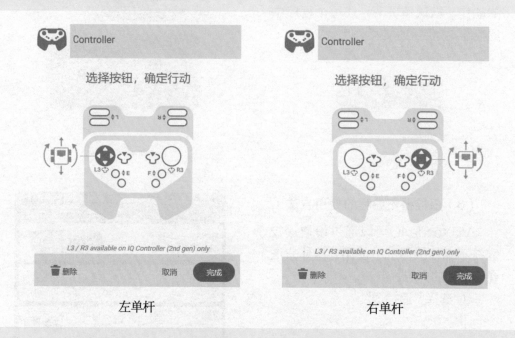

左单杆

右单杆

● 分离单杆：前进和后退由左操纵杆控制，转弯由右操纵杆控制。

● 双杆：左侧电机由左侧操纵杆控制，右侧电机由右侧操纵杆控制。

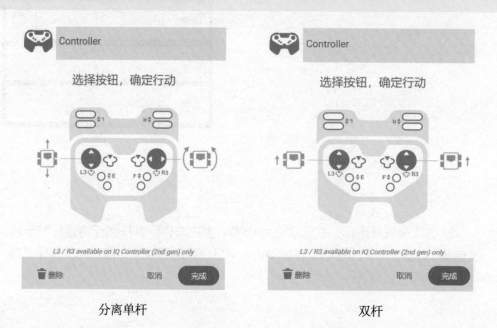

分离单杆

双杆

设置完成后选择"完成"保存设置。

③ 将电机分配给遥控器的按键。在设备窗口中同样可以设置按键控制单个电机或电机组，而无需添加代码。

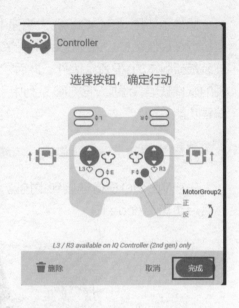

通过单击遥控器上的按键将某个按键确定控制某个电机或电机组。多次单击同一个按键将循环显示设置的电机。当显示所需电机后停止。遥控器有四个按键组（L、R、E和F）。每个组都可以配置一个单独的电机或电机组（不属于底盘）。

> **注意：** 一旦配置了电机，它就不会显示为其他按键的选项。

固件更新是VEX IQ机器人编程中必不可少的环节，可确保VEX IQ系统正常运行在最佳状态。VEXcode IQ的每次更新都需要在机器人大脑（主控器）上安装最新版本的VEXos固件，然后才能下载用户程序。VEXos更新可修复已发现的软件缺陷，添加VEX IQ系列中引入的新设备所需的软件，或引入新的高级编程功能。

3.6.1 主控器及设备（电机、传感器）固件更新

先把VEX IQ设备连接到主控器上，再用USB-C线将主控器与电脑连接，然后启动VEXcode IQ。

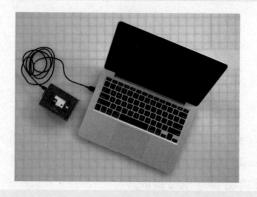

如果 VEXcode IQ 菜单栏上的主控器图标为橙色，则表示需要更新固件。可以在VEXcode IQ中通过选择"更新"（Update）按钮来更新主控器。

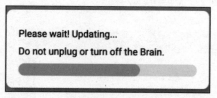

然后等待固件更新。完成后，选择"确认"。VEX IQ主控器将关闭，然后再恢复，即重启。

固件更新后，主控器图标将变为绿色。

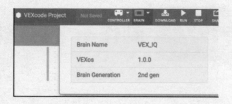

3.6.2 遥控器（第二代）固件更新

在开始更新之前，确保遥控器和主控器已配对。用USB-C线将遥控器连接到电脑，并开启遥控器，启动VEXcode IQ。如果VEXcode IQ菜单栏上的遥控器图标颜色为橙色，则需要更新固件。可以通过选择"更新"按钮来更新VEXcode IQ中的遥控器。

等待固件更新。固件更新后，遥控器图标将变为绿色。如果已经与主控器配对，主控器图标也会变成绿色。

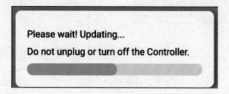

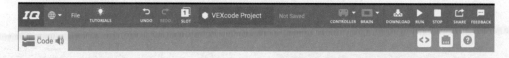

注意：如果遥控器未与主控器配对，图标将保持橙色。

3.7　制作一个完整机器人的流程

前面介绍了VEX IQ硬件和软件知识。最后，我们综合软硬件知识，通过制作一个可以工作的机器人了解其完整过程。

（1）安装编程软件

下载VEXcodeIQ软件，完成安装。

（2）完成固件更新、遥控器无线配对等准备工作

（3）搭建机器人

根据自己的设计，完成机器人的结构搭建，将需要的电机、传感器用黑色水晶头连接线连接到主控器的端口。

（4）新建一个机器人程序，在VEXcode IQ中进行"电机和设备设置"

用VEXcode IQ编程软件为机器人新建一个程序。根据机器人主控器各个端口连接设备情况，点击"设置"按钮。

选择与机器人连接的设备，并设置与实物一致。

选择"第二代"，点击"加号"按钮添加设备。

（5）进行机器人程序编写

用VEXcode IQ（代码工具或图形工具均可）进行编程工作。

（6）将程序下载到机器人

将机器人主控器用数据线连接到计算机，保持电源打开状态。如果连接成功，"下载"按钮变亮，点击"下载"按钮，等待进度条显示下载完成。

（7）运行机器人

如果程序没有问题，就可以正式运行机器人了。拔掉机器人和计算机的USB数据线。重启机器人主控器，进入主控器Programs页面，根据编写程序的控制模式，选择相应模式：TeleOp Pgms或Auto Pgms。进入模式后，会看到存在里面的程序名。用主控器箭头移动光标到要运行的程序，按"√"按键选中运行，机器人就可以工作了。

{C☺DING KiDS}

第 4 章
VEX IQ 二代机器人经典案例

HELLO...

4.1 阅读架

扫码观看
演示视频

案例描述 ......☺

　　同学们使用阅读架读书，能够矫正身姿，挺直背，使眼睛与书本保持安全的用眼距离。下面我们制作VEX IQ阅读架。

案例分析 ......☺

　　用VEX IQ积木件设计、搭建阅读架。

案例实现 ......☺

器材名称	外观	数量	器材名称	外观	数量
连接销 1-1		8	支撑销 8		2
连接销 2-1		2	支撑销 4		5
单条梁 1-12		2	双头支撑销连接器		4
单条梁 1-10		2	特殊梁直角 3-5		2
单条梁 1-6		2			

搭建过程 .... ☺

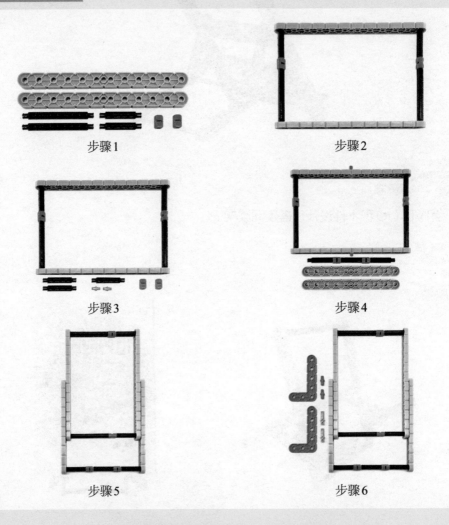

步骤1

步骤2

步骤3

步骤4

步骤5

步骤6

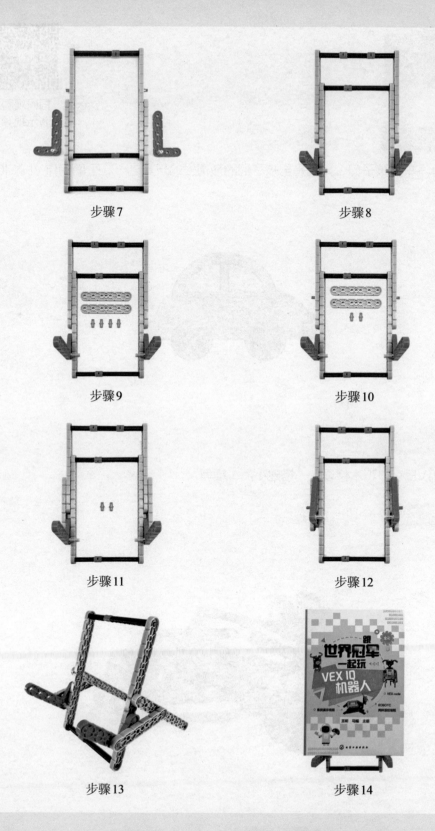

步骤7

步骤8

步骤9

步骤10

步骤11

步骤12

步骤13

步骤14

扫码观看
演示视频

4.2　小汽车

案例描述 ········· ☺

　　小汽车是孩子们，尤其是男孩子们的最喜爱的玩具之一，下面制作VEX IQ小汽车。

案例分析 ········· ☺

　　用VEX IQ积木件设计、搭建小汽车模型。

案例实现 ········· ☺

器材名称	外观	数量	器材名称	外观	数量
连接销1-1		9	单头支撑销连接器		6
连接销2-1		8	直角连销器		2
单条梁1-4		4	特殊梁60		4
橡胶轴套		6	角连接器2		6
金属轴6		2	角连接器1-2		4
支撑销8		2	双条梁2-4		1
支撑销1		4	平板4-4		1
支撑销2		6	平板4-8		1
支撑销4		2	齿轮36		2
双头支撑销连接器		6	万向轮		2

搭建过程 ······· ☺

步骤1

步骤2

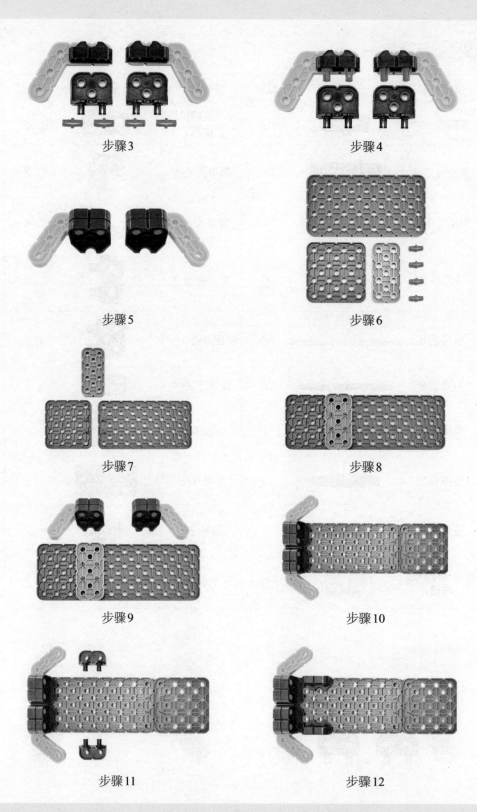

步骤3

步骤4

步骤5

步骤6

步骤7

步骤8

步骤9

步骤10

步骤11

步骤12

步骤13

步骤14

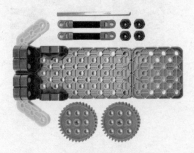

步骤15

步骤16

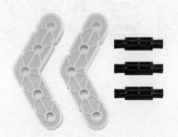

步骤17

步骤18

步骤19

步骤20

步骤21

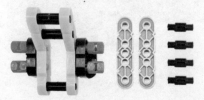

步骤22

步骤23

步骤24

步骤25

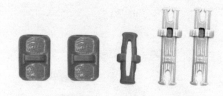

步骤26

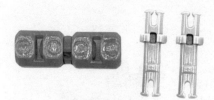

步骤27

步骤28

步骤29

步骤30

步骤31

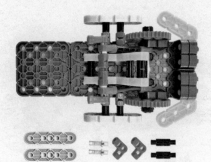

步骤32

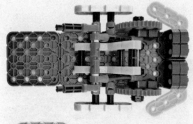

步骤33

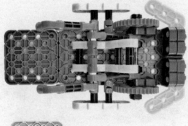

步骤34

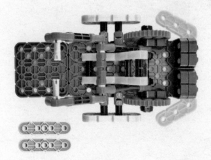

步骤35

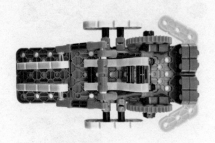

步骤36

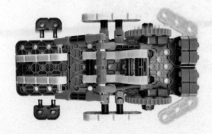

步骤37

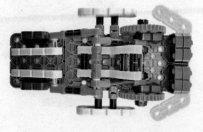

步骤38

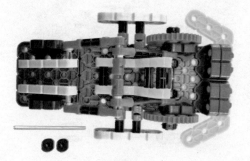

步骤39

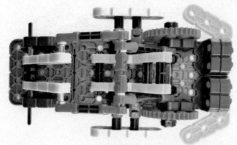

步骤40

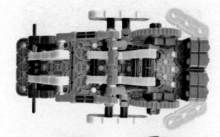

步骤41

步骤42

步骤43

案例描述 ·············☺

摩托车轻便灵活、行驶迅速，广泛用于巡逻、客货运输等。下面制作VEX IQ摩托车。

案例分析 ·············☺

用VEX IQ积木件设计、搭建摩托车模型。

案例实现 ·············☺

器材名称	外观	数量	器材名称	外观	数量
连接销 1-1		22	特殊梁60		4
惰轮销 1-1		2	角连接器 2-2 双向		1
单条梁 1-10		2	单孔连接器		2
单条梁 1-12		3	轴锁定板 1-3		2
橡胶轴套		9	特殊梁直角 3-5		4
电机金属轴3		2	双条梁2-2		2
电机金属轴4		1	齿轮36		2
封闭金属轴4		1	齿轮24		4
封闭金属轴3		1	齿轮48		4
金属轴4		2	齿轮12		2
支撑销1		1			

步骤1

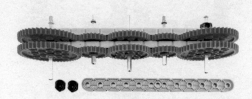

步骤2

步骤3

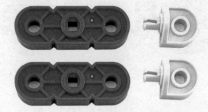

步骤4

步骤5

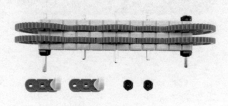

步骤6

步骤7

步骤8

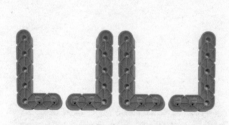

步骤9

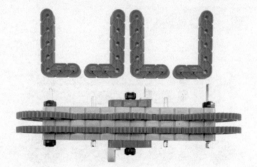

步骤10

步骤11

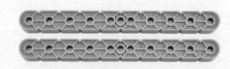

步骤12

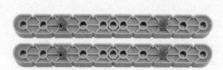

步骤13

步骤14

步骤15

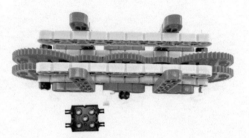

步骤16

步骤17

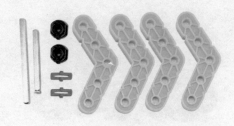

步骤18

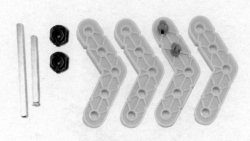

步骤19

步骤20

步骤21

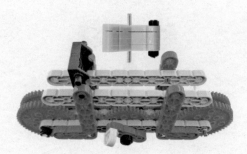

步骤22

步骤23

步骤24

步骤25

步骤26

步骤27

步骤28

步骤29

步骤30

步骤31

步骤32

4.4 手摇搅拌器

案例描述 ······ ☺

搅拌器是厨房里的常用工具，下面制作VEX IQ手摇搅拌器。

案例分析 ······ ☺

运用齿轮传动原理，用VEX IQ积木件设计、搭建手摇搅拌器。

案例实现 ······ ☺

器材名称	外观	数量	器材名称	外观	数量
连接销 1-1		11	双条梁 2-4		2
橡胶轴套		7	双条梁 2-8		2
封闭金属轴 4		1	齿轮 36		1
金属轴 10		2	齿轮 60		1
支撑销 8		2	齿轮 12		1
角连接器 2		6	复合齿轮 12		1
1-4 薄型端锁梁		1	复合齿轮 24		1
特殊梁直角 4-4		2			

搭建过程 --------------- ☺

步骤1

步骤2

步骤3

步骤4

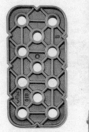

步骤5

步骤6

步骤7

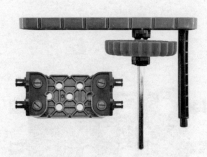

步骤8

步骤9

步骤10

步骤11

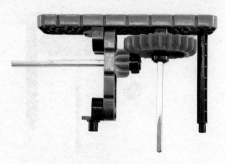

步骤12

步骤13

步骤14

步骤15

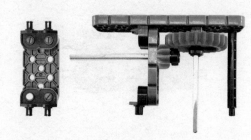

步骤16

步骤17

步骤18

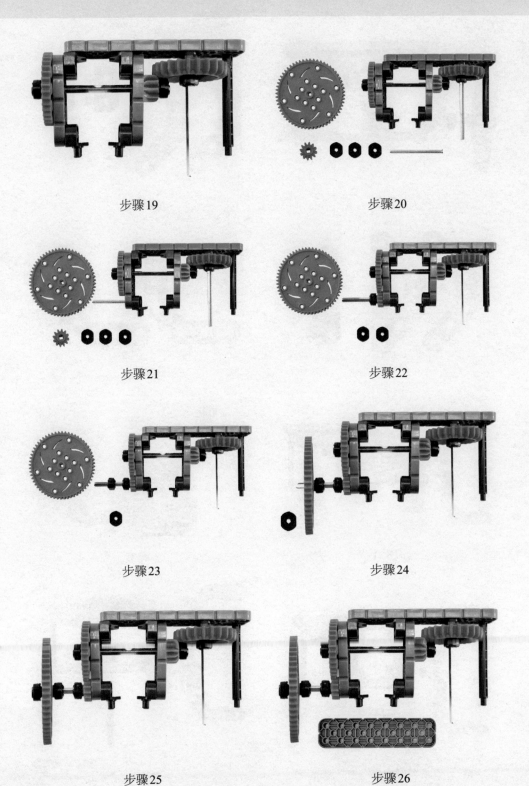

步骤19

步骤20

步骤21

步骤22

步骤23

步骤24

步骤25

步骤26

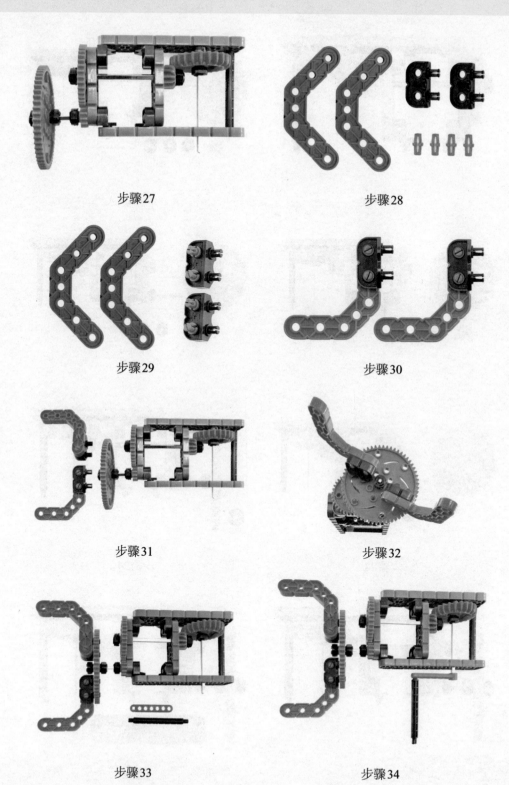

步骤27

步骤28

步骤29

步骤30

步骤31

步骤32

步骤33

步骤34

4.5 尺蠖

扫码观看
演示视频

案例描述 ☺

尺蠖，是鳞翅目尺蛾科昆虫幼虫的统称。行动时一屈一伸，如同量尺度一样，故名尺蠖。下面用VEX IQ模拟尺蠖一屈一伸的动作，制作尺蠖机器人。

案例实现 ☺

器材名称	外观	数量	器材名称	外观	数量
连接销1-1		8	金属轴12		1
惰轮销1-1		2	电机金属轴2		1
支撑销1		4	齿轮36		2
支撑销2		6	齿轮48		2
支撑销4		2	橡胶轴套1		7
双条梁2-12		4	轮毂、轮胎		4
单条梁1-5		2	主控器		1
双头支撑销连接器		2	智能电机		1
金属轴8		1	连接线		1

搭建过程 ☺

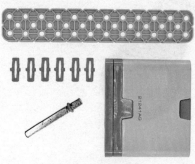

步骤1

步骤2

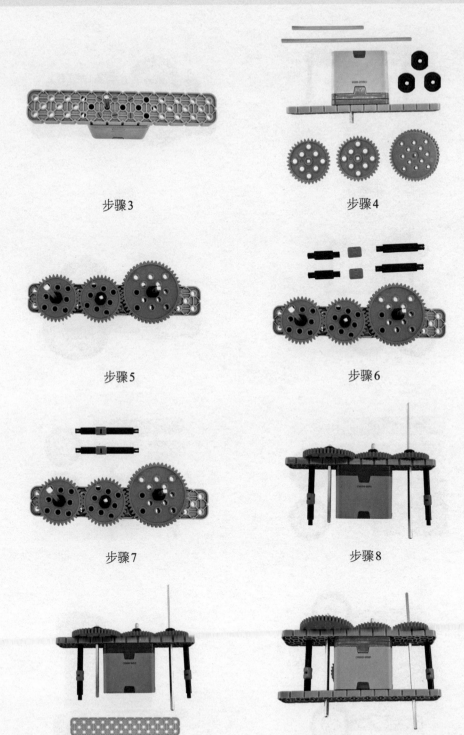

步骤3

步骤4

步骤5

步骤6

步骤7

步骤8

步骤9

步骤10

步骤11

步骤12

步骤13

步骤14

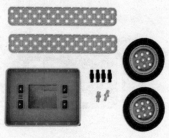

步骤15

步骤16

步骤17

步骤18

步骤19

步骤20

步骤21

步骤22

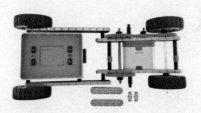

步骤23

步骤24

端口连接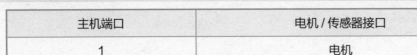

主机端口	电机 / 传感器接口
1	电机

程序编写

（1）设置端口

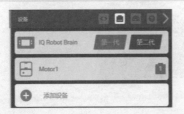

（2）程序

4.6　跳舞机器人

············· ☺

　　我们经常会在学校的科技节或者其他活动中看到机器人跳舞表演。下面制作 VEX IQ跳舞机器人。

············· ☺

　　利用连杆结构原理。

············· ☺

器材名称	外观	数量	器材名称	外观	数量
连接销 1-1		30	转角连接器 2-3		1
连接销 1-2		1	支撑销 1		1
连接销 2-2		2	电机金属轴 2		1
单条梁 1-1		1	惰轮钉销		2
单条梁 1-4		5	惰轮销 1-1		1
单条梁 1-5		1	链轮 24		1
单条梁 1-6		1	齿轮 12		2
双条梁 2-4		2	齿轮 48		2
双条梁 2-7		1	橡胶轴套 1		1
特殊梁 30		2	主控器		1
平板 4×8		2	智能电机		1
平板 4×4		1	触摸 LEDa		1
角连接器 - 直角		1	连接线		1
转角连接器 1-2		2			

步骤1

步骤2

步骤3

步骤4

步骤5

步骤6

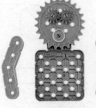

步骤7

步骤8

步骤9

步骤10

步骤11

步骤12

步骤13

步骤14

步骤15

步骤16

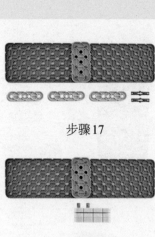

步骤17

步骤18

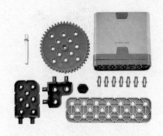

步骤19

步骤20

步骤21

步骤22

步骤23

步骤24

步骤25

步骤26

步骤27

步骤28

步骤29

步骤30

步骤31

步骤32

步骤33

步骤34

步骤35

步骤36

步骤37

步骤38

步骤39

步骤40

步骤41

步骤42

步骤43

主机端口	电机/传感器接口
1	电机
2	Touch LED

程序编写 ☺

（1）设置端口

（2）程序

① 无伴奏程序

② 小星星伴奏程序

创建我的指令块（即子程序）如下图所示。

主程序块如下。

4.7 双电机小车

案例描述 ········ ☺

　　有两个电机作为动力的车可以称作两驱车，下面制作VEX IQ双电机小车。编程实现小车沿正方形轨迹行走。

案例实现 ········ ☺

器材准备 ········ ☺

器材名称	外观	数量	器材名称	外观	数量
连接销 1-1		40	垫片		2
双条梁 2-12		6	2×2中心偏置圆形锁梁		4
双条梁 2-8		1	橡胶轴套 1		4
双条梁 2-2		4	轮胎轮毂		2
3项角连接器		4	万向轮		2
角连接器 2-3		4	主控器		1

器材名称	外观	数量	器材名称	外观	数量
金属电机轴4		2	智能电机		2
金属轴4		2	连接线		2
惰轮钉销1-1		15			

搭建过程

步骤1

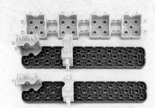

步骤2

步骤3

步骤4

步骤5

步骤6

步骤7

步骤8

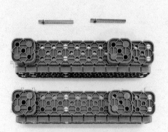

步骤9

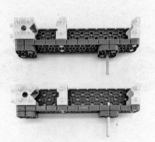

步骤10

步骤11

步骤12

步骤13

步骤14

步骤15

步骤16

步骤17

步骤18

步骤19

步骤20

步骤21

步骤22

步骤23

步骤24

步骤25

步骤26

步骤27

步骤28

步骤29

步骤30

步骤31

步骤32

步骤33

步骤34

端口连接

主机端口	电机 / 传感器接口
1	电机
6	电机

程序编写

（1）设置端口

（2）程序

依据实际情况，转的角度需要调整。

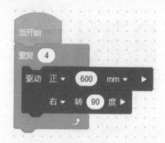

扫码观看
演示视频

案例描述 ·········· ☺

电动游船是游乐园经典的游乐项目之一，下面制作VEX IQ电动船。

案例实现 ·········· ☺

器材准备 ·········· ☺

器材名称	外观	数量	器材名称	外观	数量
连接销 1-1		24	角连接器 2		1
连接销 1-2		4	角连接器 2-2 四向		1
连接销 2-2		4	角连接器 2-3 双向		2
单条梁 1-1		2	薄型端锁梁 1-4		4
单条梁 1-10		2	齿轮 12		1
双条梁 2-4		2	齿轮 48		2
封闭金属轴 2		1	齿轮 36		1
封闭金属轴 3		4	橡胶轴套 1		11
双条梁 2-12		2	垫圈		2
特殊梁 45		4	主控器		1

器材名称	外观	数量	器材名称	外观	数量
特殊梁30		2	智能电机		1
平板4×8		2	触摸LEDa		1
转角连接器2-3		4	连接线		1
角连接器2-2		1			

搭建过程 ☺

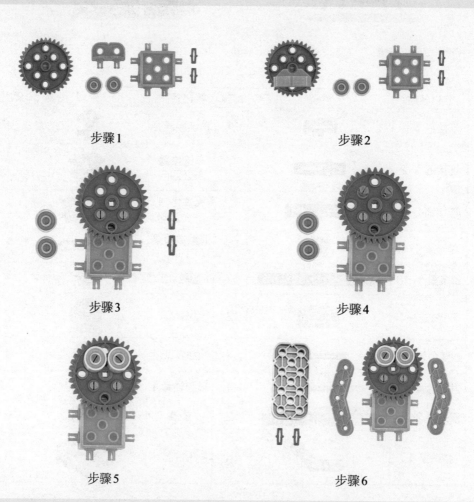

步骤1

步骤2

步骤3

步骤4

步骤5

步骤6

步骤7

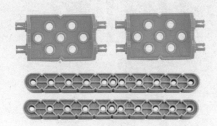

步骤8

步骤9

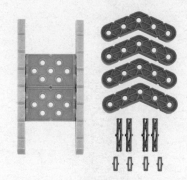

步骤10

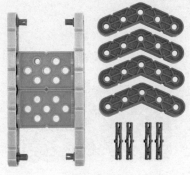

步骤11

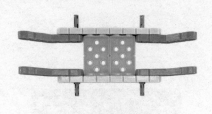

步骤12

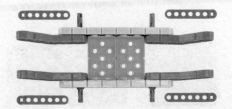

步骤13

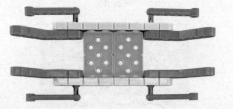

步骤14

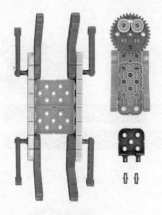

步骤15

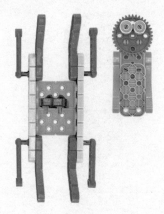

步骤16

步骤17

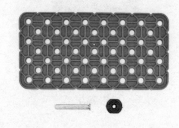

步骤18

步骤19

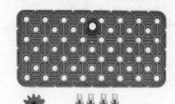

步骤20

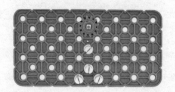

步骤21

步骤22

步骤23

步骤24

步骤25

步骤26

步骤27

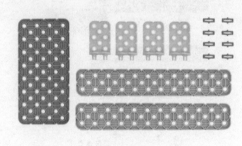

步骤28

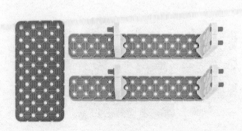

步骤29

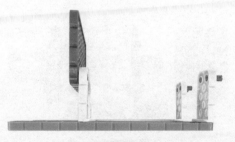

步骤30

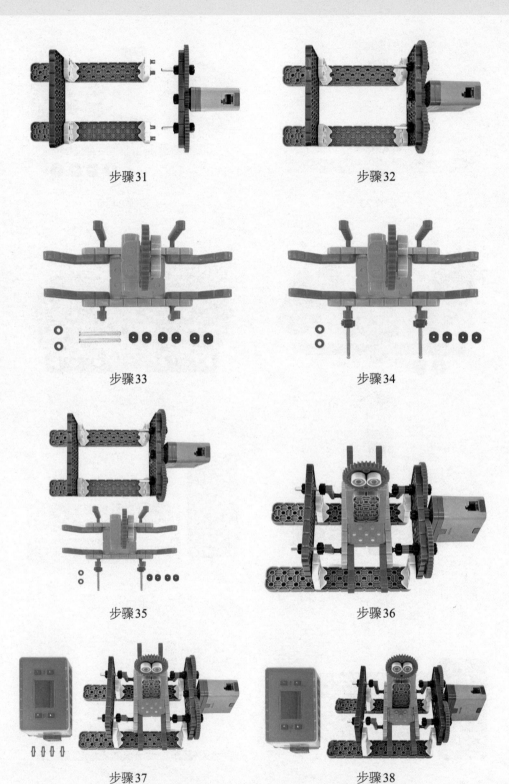

步骤31

步骤32

步骤33

步骤34

步骤35

步骤36

步骤37

步骤38

步骤39

步骤40

步骤41

步骤42

端口连接 ☺

主机端口	电机 / 传感器接口
1	电机
2	Touch LED

程序编写 ☺

（1）设置端口

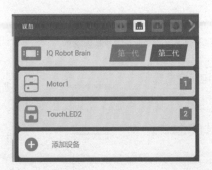

（2）程序

扫码观看
演示视频

案例描述 ········ ☺

　　舂米就是将谷物放入石臼里用杵捣去皮壳或捣碎，下面制作VEX IQ电动舂米机。

案例分析 ········ ☺

电机数量：1个。

案例实现 ········ ☺

器材准备 ········ ☺

器材名称	外观	数量	器材名称	外观	数量
连接销 1-1		22	角连接器 1-2		2
连接销 1-2		2	角连接器 2-2		1
1 倍间距电机塑料卡扣轴		1	角连接器 2-2 双向		2
支撑销 4		1	电机金属轴 4		1
双条梁 2-4		1	封闭金属轴 2		1

器材名称	外观	数量	器材名称	外观	数量
1-4 薄型端锁梁		1	齿轮 48		1
单条梁 1-12		2	齿轮 36		1
双条梁 2-6		1	齿轮 24		1
双条梁 2-7		1	橡胶轴套 1		2
特殊梁直角 2-3		1	主控器		1
平板 4-8		2	触摸传感器		1
平板 4-4		1	智能电机		1
角连接器 2		1	连接线		2

搭建过程 ⋯⋯⋯⋯ ☺

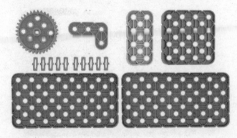

步骤1

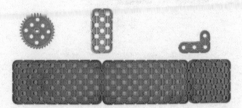

步骤2

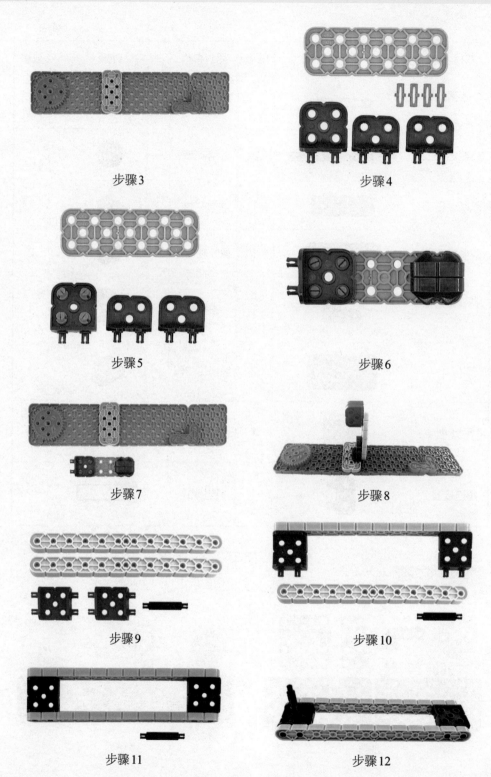

步骤3

步骤4

步骤5

步骤6

步骤7

步骤8

步骤9

步骤10

步骤11

步骤12

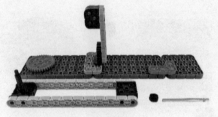

步骤13

步骤14

步骤15

步骤16

步骤17

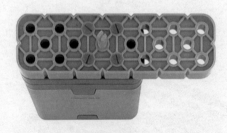

步骤18

步骤19

步骤20

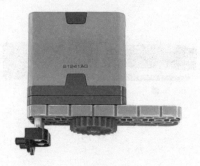

步骤21

步骤22

步骤23

步骤24

步骤25

步骤26

步骤27

步骤28

跟世界冠军一起玩VEX IQ二代机器人

步骤29

步骤30

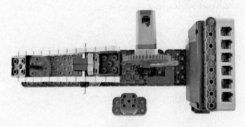

步骤31

步骤32

端口连接 ☺

主机端口	电机 / 传感器接口
1	电机
2	碰撞传感器

程序编写 ☺

（1）设置端口

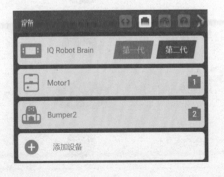

（2）程序

4.10 俯卧撑机器人

扫码观看
演示视频

案例描述 ·······☺

　　俯卧撑是常见的健身运动，主要锻炼上肢、腰部及腹部的肌肉，尤其是胸肌，是一种很简单却十分有效的力量训练手段。下面制作做俯卧撑的机器人。

案例分析 ·······☺

　　本案例利用连杆结构原理，并且实现计数功能。

案例实现 ·······☺

器材准备 ·······☺

器材名称	外观	数量	器材名称	外观	数量
连接销 1-1		12	角连接器 2-3		2
支撑销 1		3	角连接器 2-2		2
支撑销 2		1	角连接器 2-2 三向		1
轴套销		5	角连接器 2-3 双向		2
单条梁 1-1		2	链轮 24		1

器材名称	外观	数量	器材名称	外观	数量
双条梁 2-4		2	齿轮 36		2
封闭金属轴 2		1	复合齿轮 24		1
金属轴 8		1	橡胶轴套 1		5
双条梁 2-16		1	垫圈		3
双条梁 2-12		1	主控器		1
双条梁 2-8		1	智能电机		1
特殊梁 30		2	连接线		1
平板 4-8		1			

搭建过程 ················· ☺

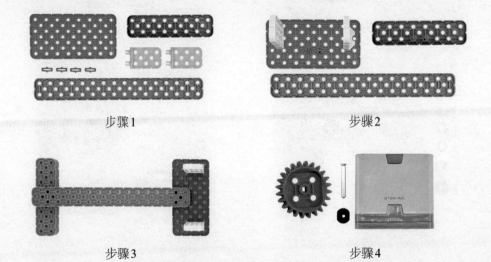

步骤1

步骤2

步骤3

步骤4

步骤5 步骤6

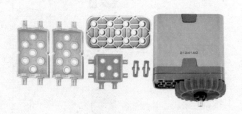
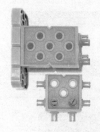

步骤7 步骤8

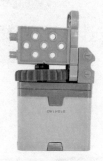

步骤9 步骤10

步骤11 步骤12

跟世界冠军一起玩 VEX IQ 二代机器人

步骤13

步骤14

步骤15

步骤16

步骤17

步骤18

步骤19

步骤20

步骤21

步骤22

步骤23

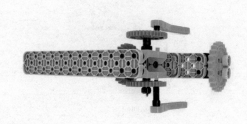

步骤24

步骤25

步骤26

步骤27

步骤28

步骤29

步骤30

步骤31

主机端口	电机/传感器接口
1	电机

程序编写 ☺

（1）设置端口　　　　　　　　　　（2）程序

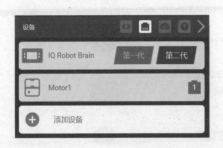

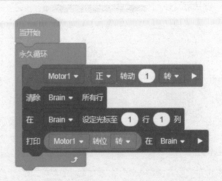

4.11 仰卧起坐机器人

扫码观看
演示视频

案例描述 .... ☺

仰卧起坐是一种锻炼身体的方式。
下面制作做仰卧起坐的机器人。

案例实现 .... ☺

器材准备 .... ☺

器材名称	外观	数量	器材名称	外观	数量
连接销 1-1		20	角连接器 2-2		1
惰轮销 1-1		2	角连接器 2-3 双向		1
支撑销 4		2	链轮 24		1
支撑销 8		2	齿轮 12		2
单条梁 1-1		2	齿轮 36		1
1-4 薄型端锁梁		2	齿轮 48		1
电机金属轴 2		1	橡胶轴套 1		3

器材名称	外观	数量	器材名称	外观	数量
金属轴 8		1	主控器		1
单条梁 1-8		1	距离传感器（第二代）		1
平板 4-4		1	触碰传感器		1
平板 4×8		2	智能电机		1
转角连接器 2		5	连接线		3

搭建过程 ⌣

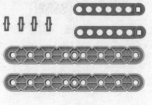

步骤1

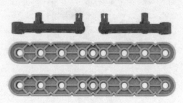

步骤2

步骤3

步骤4

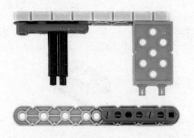

步骤5

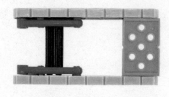

步骤6

步骤7

步骤8

步骤9

步骤10

步骤11

步骤12

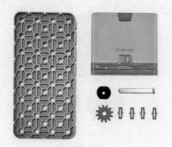

步骤13

步骤14

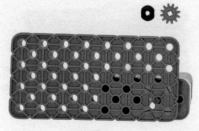

步骤15

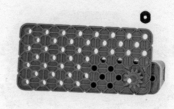

步骤16

步骤17

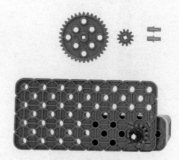

步骤18

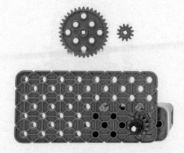

步骤19

步骤20

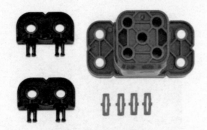

步骤21

步骤22

步骤23

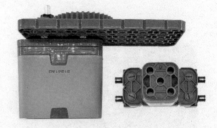

步骤24

步骤25

步骤26

步骤27

步骤28

步骤29

步骤30

步骤31

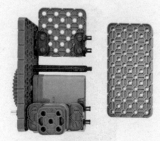

步骤32

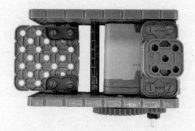

步骤33

步骤34

步骤35

步骤36

步骤37

步骤38

步骤39

步骤40

端口连接 ☺

主机端口	电机 / 传感器接口	主机端口	电机 / 传感器接口
1	电机	3	距离传感器（第二代）
2	碰撞传感器		

程序编写 ☺

（1）设置端口

（2）程序

扫码观看
演示视频

案例描述 ⌣

　　骑马是草原上一项非常受欢迎的活动，下面我们制作VEX IQ骑马机器人。

案例实现 ⌣

器材准备 ⌣

器材名称	外观	数量	器材名称	外观	数量
连接销 1-1		34	平板 4×8		1
连接销 2-2		2	角连接器 1 双向		1
惰轮销 1-1		1	转角连接器 2		5
惰轮销 0-2		2	角连接器 2-3		2
1 倍间距电机塑料卡扣轴		1	电机金属轴 2		1
支撑销 1		2	金属轴 8		1
支撑销 2		2	齿轮 12		2
支撑销 4		1	齿轮 36		2

器材名称	外观	数量	器材名称	外观	数量
单条梁 1-5		2	橡胶轴套 1		3
双条梁 2-6		1	主控器		1
双条梁 2-8		4	距离传感器（第二代）		1
双条梁 2-18		1	触摸传感器		1
特殊梁 60		2	智能电机		1
特殊梁直角 3-5		2	连接线		3
平板 4-4		2			

搭建过程

步骤1

步骤2

步骤3

步骤4

步骤 5

步骤 6

步骤 7

步骤 8

步骤 9

步骤 10

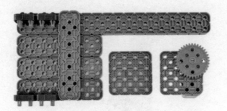

步骤 11

步骤 12

步骤 13

步骤 14

第 4 章　VEX IQ 二代机器人经典案例

步骤15

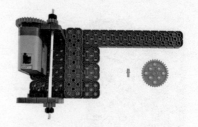

步骤16

步骤17

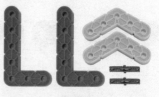

步骤18

步骤19

步骤20

步骤21

步骤22

步骤23

步骤24

步骤25

步骤26

步骤27

步骤28

步骤29

步骤30

步骤31

步骤32

步骤 33

步骤 34

步骤 35

步骤 36

步骤 37

步骤 38

步骤 39

步骤 40

步骤41

步骤42

步骤43

步骤44

步骤45

步骤46

步骤47

步骤48

步骤49

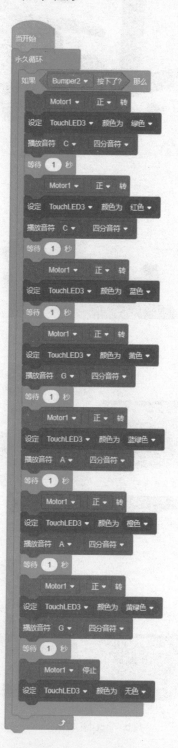

端口连接 ……………… ☺

主机端口	电机 / 传感器接口
1	电机
2	碰撞传感器
3	Touch LED

程序编写 ……………… ☺

（1）设置端口

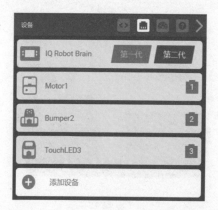

扫码观看
演示视频

4.13   小狗机器人

案例描述 .... ☺

制作VEX IQ 小狗机器人，可以实现摇着尾巴，快乐地奔跑。

案例分析 .... ☺

智能电机3个，其中2个电机控制小狗行走，1个电机控制尾巴摇摆。

案例实现 .... ☺

器材名称	外观	数量	器材名称	外观	数量
连接销 1-1		28	角连接器 2-2		3
惰轮销 1-1		2	转角连接器 2		1
1 倍间距电机塑料卡扣轴		1	电机金属轴 2		4
支撑销 0.5		4	电机金属轴 3		1
支撑销 1		1	塑料电机轴 2		2
支撑销 4		1	金属轴 10		1
单条梁 1-5		4	链轮 8		2
单条梁 1-8		4	2-2 中心偏置圆形锁梁		9
单条梁 1-12		1	复合齿轮 24		4
双条梁 2-4		1	链轮 24		1
双条梁 2-12		3	橡胶轴套 1		4
特殊梁 30		2	主控器		1
特殊梁 45		2	智能电机		3
平板 4-4		1	连接线		2

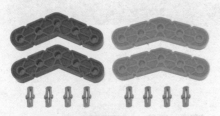

步骤1

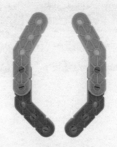

步骤2

步骤3

步骤4

步骤5

步骤6

步骤7

步骤8

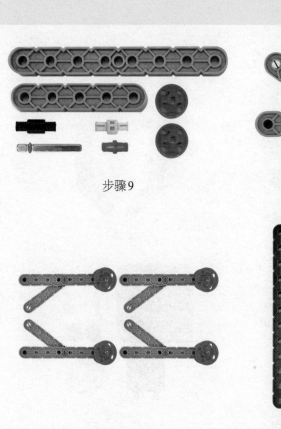

步骤9

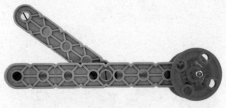

步骤10

步骤11

步骤12

步骤13

步骤14

步骤15

步骤16

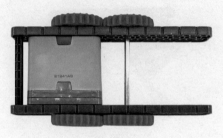

步骤17

步骤18

步骤19

步骤20

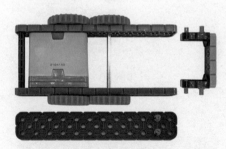

步骤21

步骤22

步骤23

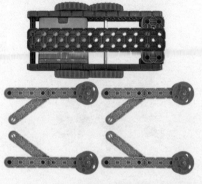

步骤24

步骤25

步骤26

步骤27

步骤28

步骤29

步骤30

步骤31

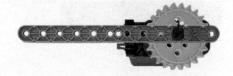

步骤32

步骤33

步骤34

步骤35

步骤36

步骤37

步骤38

端口连接 ⊙

主机端口	电机 / 传感器接口
1	电机（控制尾巴摇摆）
6	电机（行走）

程序编写 ⊙

（1）设置端口

（2）程序

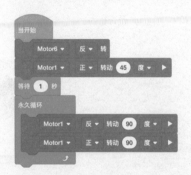

案例描述 ·············· ☺

　　玉兔捣药是中国神话故事。相传月亮之中有一只兔子，浑身洁白如玉，它拿着玉杵，跪地捣药，制作长生不老药。下面我们用 VEX IQ 制作一个玉兔捣药。

案例分析 ·············· ☺

　　智能电机：2个，一个电机控制玉兔耳朵摆动，另一个电机控制药槌。

案例实现 ·············· ☺

器材名称	外观	数量	器材名称	外观	数量
连接销 1-1		53	角连接器 1 单销短		2
连接销 1-2		4	转角连接器 2		3
1-4 薄型端锁梁		2	角长连接器 2-1		2
支撑销 2		2	角连接器 2-2		7
支撑销 4		1	封闭金属轴 2		2
支撑销 8		2	闭型塑料轴 3		2
单条梁 1-2		1	电机金属轴 2		1
单条梁 1-6		4	金属轴 10		1
双条梁 2-4		5	链轮 8		2
双条梁 2-8		1	齿轮 36		3
特殊梁 60		2	23 齿齿轮带 1×4 曲柄臂		2
特殊梁直角 3-5		2	橡胶轴套 1		8
平板 4-4		4	主控器		1
平板 4×8		2	智能电机		2
平板 3-6		1	连接线		2

步骤1

步骤2

步骤3

步骤4

步骤5

步骤6

步骤7

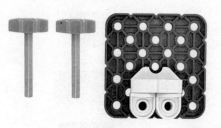

步骤8

步骤9

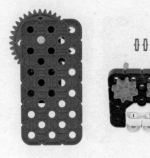

步骤10

步骤11

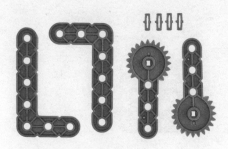

步骤12

步骤13

步骤14

步骤15

步骤16

步骤17

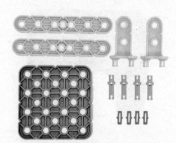

步骤18

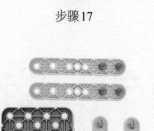

步骤19

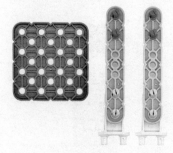

步骤20

步骤21

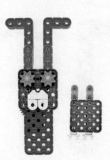

步骤22

步骤23

步骤24

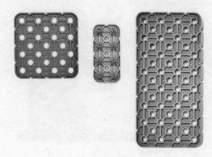

步骤25

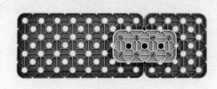

步骤26

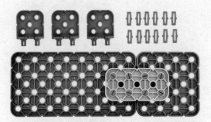

步骤27

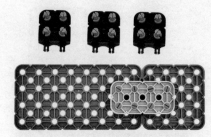

步骤28

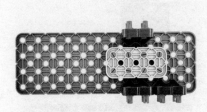

步骤29

步骤30

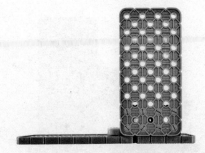

步骤31

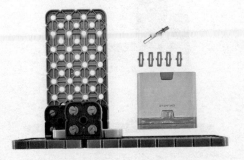

步骤32

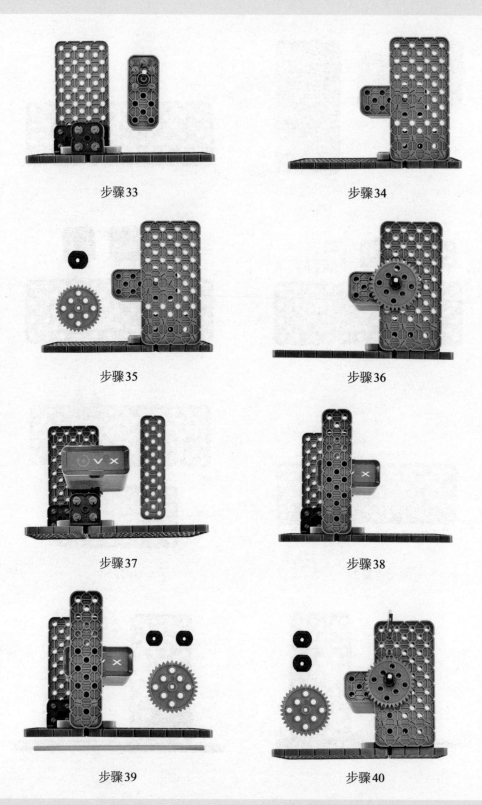

步骤33

步骤34

步骤35

步骤36

步骤37

步骤38

步骤39

步骤40

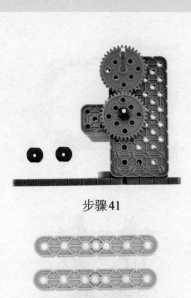

步骤 41

步骤 42

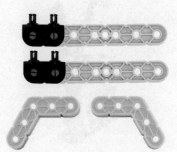

步骤 43

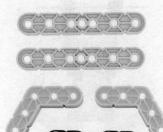

步骤 44

步骤 45

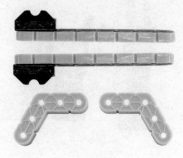

步骤 46

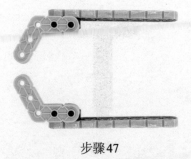

步骤 47

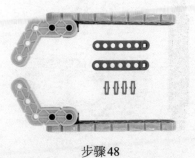

步骤 48

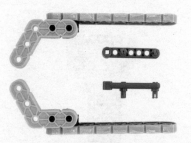

步骤49

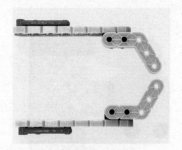

步骤50

步骤51

步骤52

步骤53

步骤54

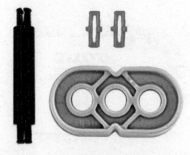

步骤55

步骤56

步骤57

步骤58

步骤59

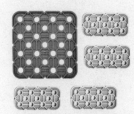

步骤60

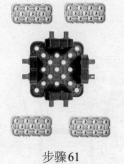

步骤61

步骤62

步骤63

步骤64

步骤65

主机端口	电机 / 传感器接口
1	电机（耳朵）
2	电机（捣药）

程序编写 ·············· ☺

（1）设置端口

（2）程序

4.15　避障机器人

扫码观看
演示视频

案例描述 ☺

　　设计一个机器人，机器人遇到障碍时后退右转，实现自动躲避障碍。

案例分析 ☺

智能电机：2个。
传感器：距离传感器（第二代）。

案例实现 ☺

器材准备 ☺

器材名称	外观	数量	器材名称	外观	数量
连接销 1-1		34	封闭金属轴 3		2
连接销 2-2		2	封闭金属轴 4		12
单条梁 1-10		4	齿轮 36		6
支撑销 2		6	垫圈		12
支撑销 8		3	橡胶轴套 1		10
双条梁 2-4		2	轮毂、轮胎		4

器材名称	外观	数量	器材名称	外观	数量
双条梁2-8		2	主控器		1
双条梁2-16		4	智能电机		2
转角连接器2		2	距离传感器（第二代）		1
电机金属轴4		2	连接线		3

搭建过程 ⌣

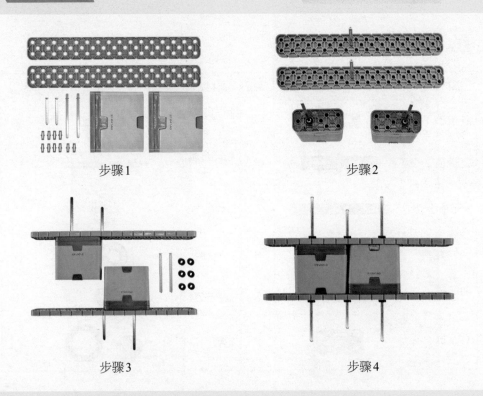

步骤1 步骤2

步骤3 步骤4

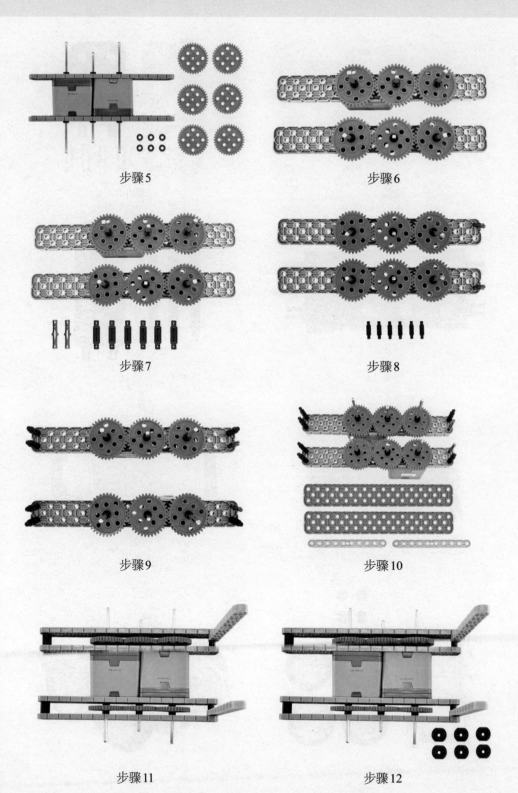

步骤5

步骤6

步骤7

步骤8

步骤9

步骤10

步骤11

步骤12

步骤13

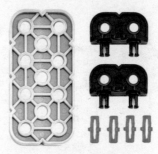

步骤14

步骤15

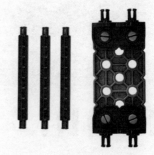

步骤16

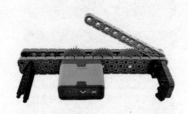

步骤17

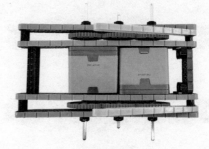

步骤18

步骤19

步骤20

步骤21

步骤22

步骤23

步骤24

步骤25

步骤26

步骤27

步骤28

步骤29

步骤30

步骤31

步骤32

端口连接

主机端口	电机 / 传感器接口
1	电机（左）
2	电机（右）
3	距离传感器（第二代）

程序编写

（1）设置端口

（2）程序

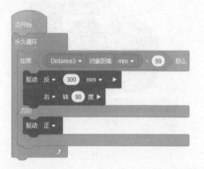

案例描述 ······· ☺

　　小兔摆动着耳朵，蹦蹦跳跳，下面用VEX IQ制作一个小兔机器人。

案例分析 ······· ☺

　　智能电机：3个，其中两个电机控制小兔行进，一个电机控制小兔耳朵摆动。

案例实现 ······· ☺

器材准备 ······· ☺

器材名称	外观	数量	器材名称	外观	数量
连接销1-1		92	转角连接器2		1
连接销2-2		1	角连接器3-2		6
1-4薄型端锁梁		2	角连接器2-2		2
惰轮销1-1		3	封闭金属轴2		1

器材名称	外观	数量	器材名称	外观	数量
支撑销2		8	电机金属轴2		2
单条梁1-2		1	1倍间距电机塑料卡扣轴		2
单条梁1-10		4	链轮16		2
双条梁2-2		1	齿轮36		1
双条梁2-4		4	齿轮24		1
双条梁2-6		3	齿轮12		2
双条梁2-8		6	23齿齿轮带1×4曲柄臂		2
双条梁2-7		2	橡胶轴套1		3
双条梁2-12		4	主控器		1
平板4×8		2	智能电机		3
角连接器1单销		2	连接线		3

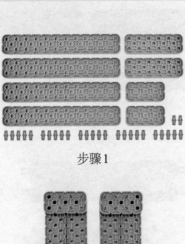

步骤1

步骤2

步骤3

步骤4

步骤5

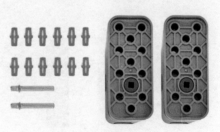

步骤6

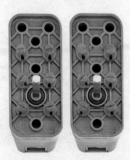

步骤7

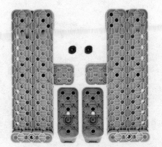

步骤8

步骤9

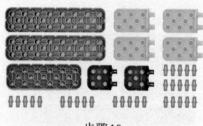

步骤10

步骤11

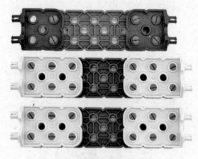

步骤12

步骤13

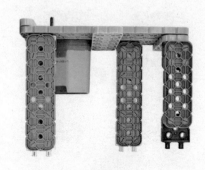

步骤14

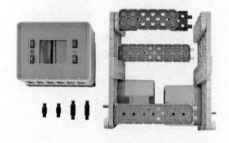

步骤15

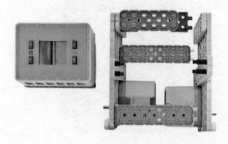

步骤16

步骤17

步骤18

步骤19

步骤20

步骤21

步骤22

步骤23

步骤24

步骤25

步骤26

步骤27

步骤28

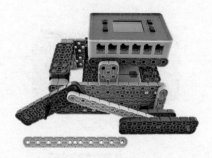

步骤29

步骤30

步骤31

步骤32

步骤33

步骤34

步骤35

步骤36

步骤37

步骤38

步骤39

步骤40

步骤41

步骤42

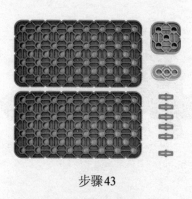

步骤43

步骤44

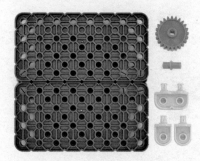

步骤45

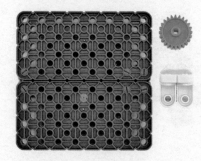

步骤46

步骤47

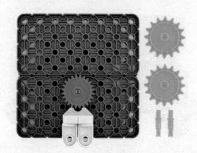

步骤48

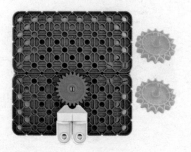

步骤49

步骤50

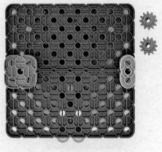

步骤51

步骤52

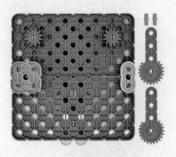

步骤53

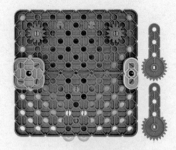

步骤54

步骤55

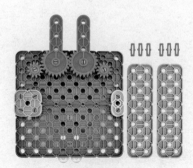

步骤56

步骤57

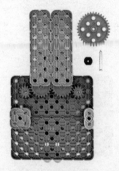

步骤58

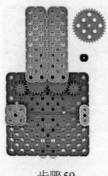

步骤59

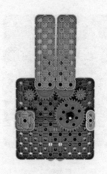

步骤60

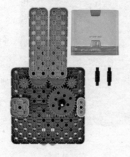

步骤61

步骤62

步骤63

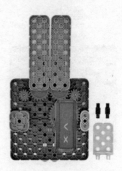

步骤64

步骤65

步骤66

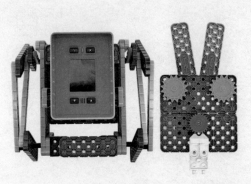

| 步骤67 | 步骤68 |

端口连接

主机端口	电机 / 传感器接口
1	电机（左）
6	电机（右）
12	电机（耳朵）

程序编写

（1）设置端口

（2）程序

扫码观看
演示视频

案例描述 ⊙

夹瓶子机器人，机器人检测到瓶子，夹住，后退右转，放开瓶子，后退、停止。

案例分析 ⊙

智能电机：3个，其中两个电机控制小车行进，一个电机控制机械臂张合。

传感器：距离传感器（第二代）。

案例实现 ⊙

器材准备 ⊙

器材名称	外观	数量	器材名称	外观	数量
连接销 1-1		40	垫片		2
双条梁 2-12		6	2×2中心偏置圆形锁梁		4
双条梁 2-8		1	橡胶轴套 1		4
双条梁 2-2		4	轮胎轮毂		2

器材名称	外观	数量	器材名称	外观	数量
3项角连接器		4	万向轮		2
角连接器2-3		4	二代距离传感器		1
金属电机轴4		2	主控器		1
金属轴4		2	智能电机		3
惰轮钉销1-1		15	连接线		4

搭建过程

步骤1

步骤2

步骤3

步骤4

步骤 5

步骤 6

步骤 7

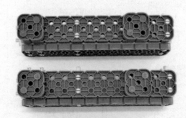

步骤 8

步骤 9

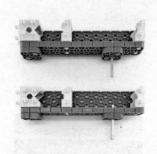

步骤 10

步骤 11

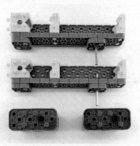

步骤 12

步骤13

步骤14

步骤15

步骤16

步骤17

步骤18

步骤19

步骤20

步骤21

步骤22

步骤23

步骤24

步骤25

步骤26

步骤27

步骤28

步骤29

步骤30

步骤31

步骤32

步骤33

步骤34

步骤35

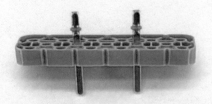

步骤36

步骤37

步骤38

步骤39

步骤40

步骤41

步骤42

步骤43

步骤44

步骤45

步骤46

步骤47

步骤48

步骤49

步骤50

步骤51

步骤52

步骤53

步骤54

步骤 55

主机端口	电机 / 传感器接口
1	电机（左电机）
7	电机（右电机）
2	电机（控制夹子）
3	距离传感器（第二代）

程序编写

（1）设置端口

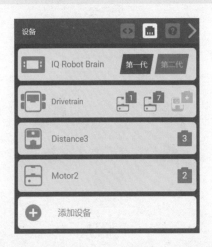

（2）程序

依据实际情况，转的角度需要调整。

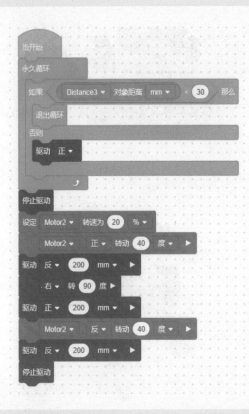

4.18 升降货梯

扫码观看
演示视频

案例描述

升降货梯是一种通过人工操作，使货物升降，完成上下层安全运输的设备。升降货梯根据类型可分为：剪叉式升降货梯和导轨式升降货梯。下面用VEX IQ设计制作导轨式升降货梯。用光学传感器的手势模式控制货梯上升、下降。

案例分析

智能电机：1个。
传感器：光学传感器。

案例实现

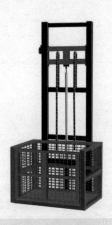

器材准备

器材名称	外观	数量	器材名称	外观	数量
连接销 1-1		32	角连接器 2-2		2
支撑销 4		3	2-节距线型运动支架		2
双条梁 2-6		1	1-6 直线运动梁		8
双条梁 2-16		2	金属轴 12		1

器材名称	外观	数量	器材名称	外观	数量
单条梁 1-8		1	齿轮 12		2
平板 4-4		4	主控器		1
平板 4-8		2	智能电机		1
平板 3-6		2	光学传感器		1
转角连接器 2		4	连接线		2

搭建过程 ☺

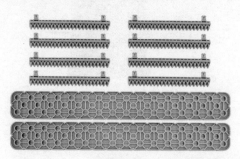

步骤1

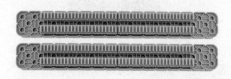

步骤2

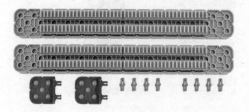

步骤3

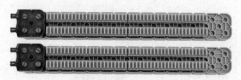

步骤4

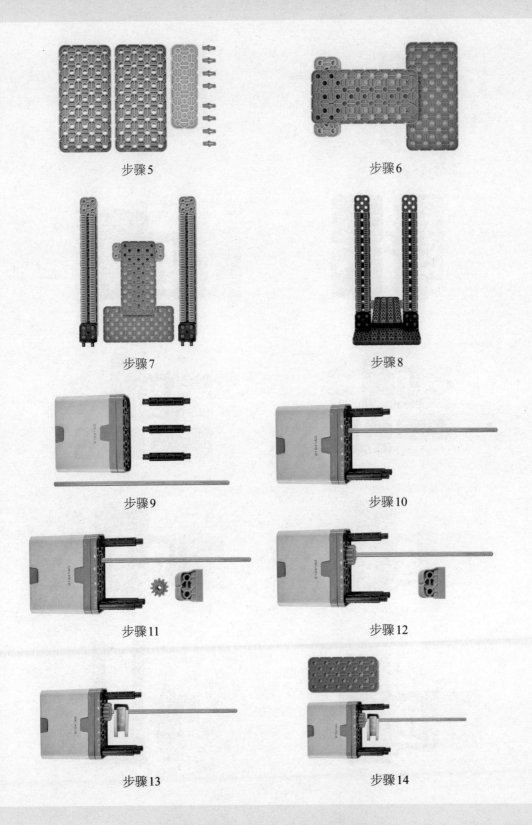

步骤5

步骤6

步骤7

步骤8

步骤9

步骤10

步骤11

步骤12

步骤13

步骤14

步骤15

步骤16

步骤17

步骤18

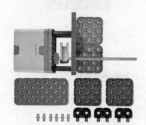

步骤19

步骤20

步骤21

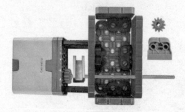

步骤22

步骤23

步骤24

步骤25

步骤26

步骤27

步骤28

步骤29

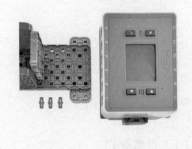

步骤30

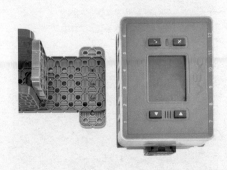

步骤31

步骤32

步骤33

主机端口	电机 / 传感器接口
1	电机
2	光学传感器

程序编写 ········· ☺

（1）设置端口

（2）程序

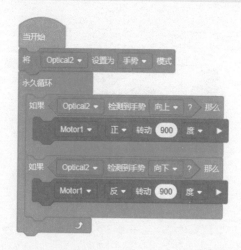

4.19 巡线机器人

扫码观看
演示视频

案例描述 ······· ☺

　　机器人沿线行驶，工作原理是运用光学传感器检测色度值，确定阈值，判断黑、白颜色，通过编程实现机器人沿线行驶。

案例分析 ······· ☺

　　智能电机：2个
　　传感器：光学传感器。
　　阈值的确定方法如下。
　　例如：白色位置读取的HUE值设为H1：347，黑色位置读取的HUE值设为H2：10，阈值＝（H1+H2）/2=179。读取的HUE值大于阈值时，判断为白色；小于阈值时，判断为黑色。

　　注意：当白色误判为黑色时，减小阈值20；当黑色误判为白色时，增大阈值20。反复调试，找到合适的阈值。

案例实现 ······· ☺

器材名称	外观	数量	器材名称	外观	数量
连接销 1-1		26	角连接器 2-3		1
连接销 1-2		4	金属轴 6		2
连接销 2-2		4	电机金属轴 2		2
支撑销 2			齿轮 36		6
双条梁 2-8		1	垫圈		4
双条梁 2-12		6	橡胶轴套 1		6
特殊梁直角 2-3		2	轮毂、轮胎		4
特殊梁直角 3-5		4	主控器		1
转角连接器 2		2	智能电机		2
角连接器 1-2		2	光学传感器		1
角连接器 2-2		2	连接线		3
电机金属轴 4		2			

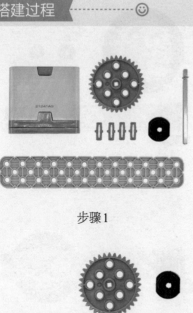

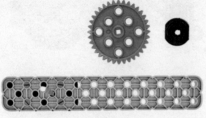

步骤1

步骤2

步骤3

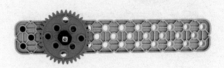

步骤4

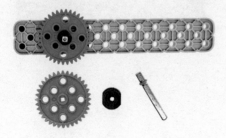

步骤5

步骤6

步骤7

步骤8

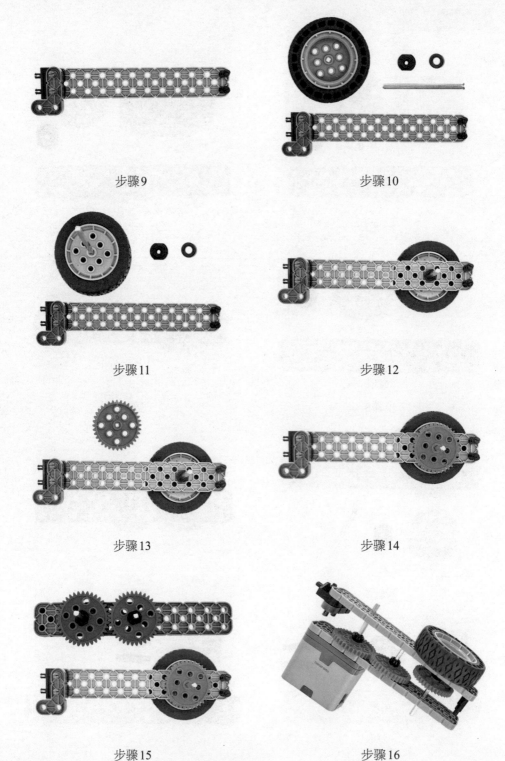

步骤9

步骤10

步骤11

步骤12

步骤13

步骤14

步骤15

步骤16

步骤17

步骤18

步骤19

步骤20

步骤21

步骤22

步骤23

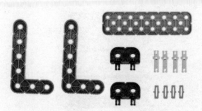

步骤24

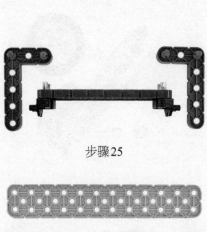
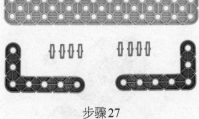

步骤25

步骤26

步骤27

步骤28

步骤29

步骤30

步骤31

步骤32

跟世界冠军一起玩 VEX IQ 二代机器人

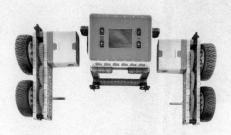

步骤33

步骤34

步骤35

步骤36

步骤37

步骤38

步骤39

步骤40

步骤41

端口连接 .... ☺

主机端口	电机 / 传感器接口
1	电机（左）
2	电机（右）
3	光学传感器

程序编写 .... ☺

（1）设置端口

（2）程序

光学传感器要放在黑线的左边。

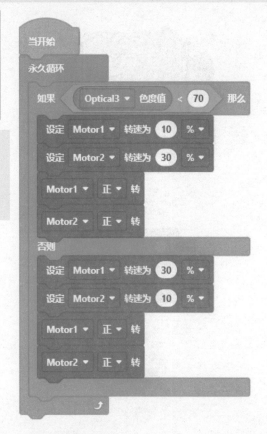

4.20 小兔打鼓

扫码观看
演示视频

案例描述 ·········· ☺

制作 VEX IQ 小兔打鼓，编程实现演奏新年好歌曲片段。

案例分析 ·········· ☺

智能电机：3个，其中两个控制左、右鼓槌；一个控制小兔耳朵张合。

传感器：Touch LED 2个。

案例实现 ·········· ☺

器材准备 ·········· ☺

器材名称	外观	数量	器材名称	外观	数量
连接销1-1		42	封闭金属轴4		2
惰轮销1-1		3	封闭金属轴2		1
支撑销2		6	电机金属轴2		2
支撑销3		2	齿轮36		3
单条梁1-2		1	齿轮24		1
单条梁1-8		2	齿轮12		2

器材名称	外观	数量	器材名称	外观	数量
双条梁 2-2		1	23 齿齿轮带 1×4 曲柄臂		2
双条梁 2-4		3	橡胶轴套 1		5
双条梁 2-7		2	主控器		1
双条梁 2-10		4	Touch LED		2
平板 4-4		1	轮毂、轮胎		1
平板 4×8		2	光面轮胎、轮毂		1
角连接器 1 单销		2	智能电机		3
转角连接器 2		9	连接线		3

搭建过程

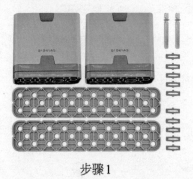

步骤1

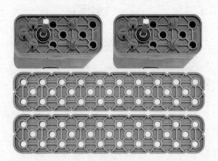

步骤2

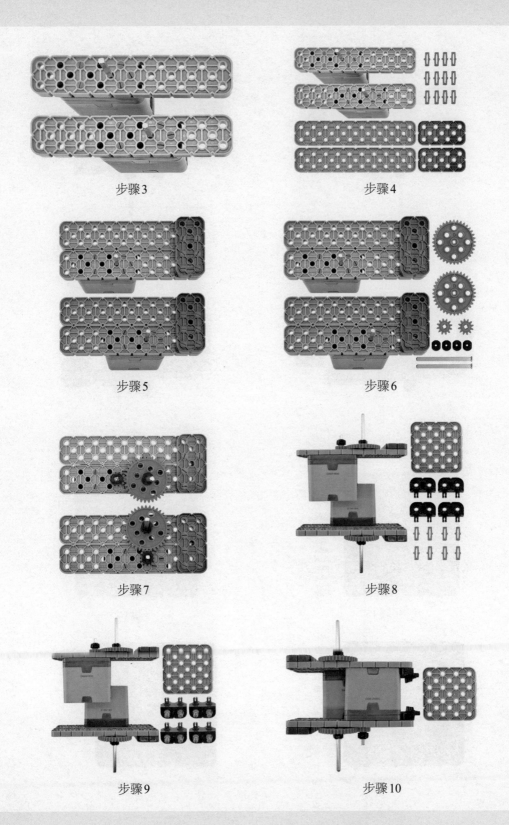

步骤3

步骤4

步骤5

步骤6

步骤7

步骤8

步骤9

步骤10

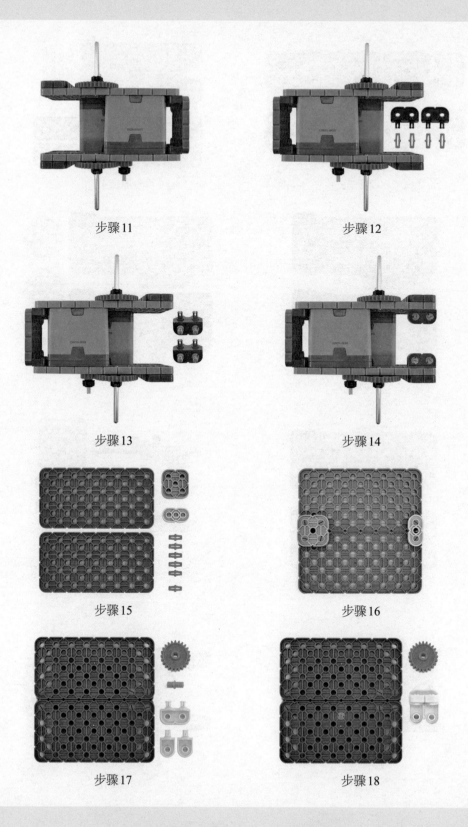

步骤11

步骤12

步骤13

步骤14

步骤15

步骤16

步骤17

步骤18

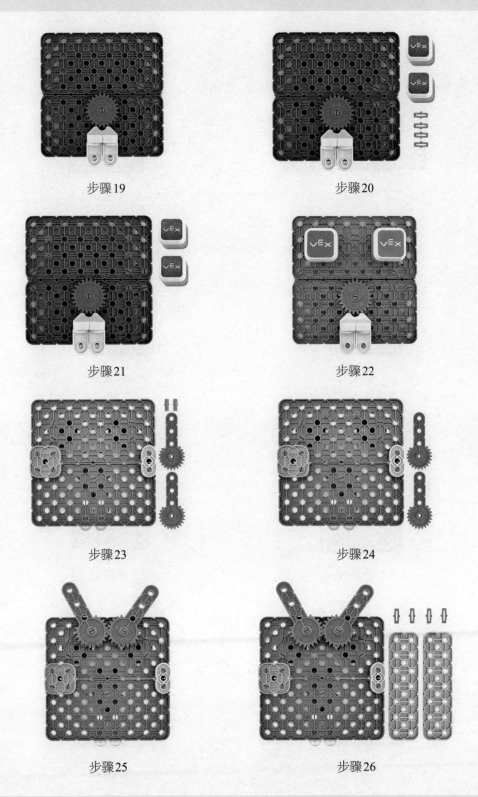

步骤19

步骤20

步骤21

步骤22

步骤23

步骤24

步骤25

步骤26

步骤27

步骤28

步骤29

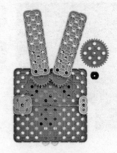

步骤30

步骤31

步骤32

步骤33

步骤34

步骤35

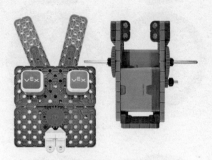

步骤36

步骤37

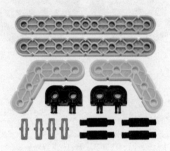

步骤38

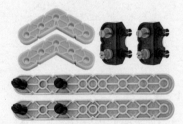

步骤39

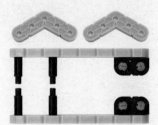

步骤40

步骤41

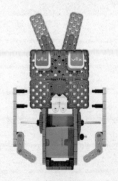

步骤42

步骤43

步骤44

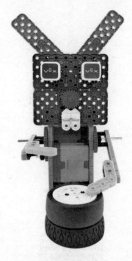

步骤45

端口连接 ········· ☺

主机端口	电机 / 传感器接口	主机端口	电机 / 传感器接口
1	电机（左鼓槌）	4	Touched
2	电机（右鼓槌）	6	Touched
3	电机（耳朵）		

程序编写 ········· ☺

（1）设置端口

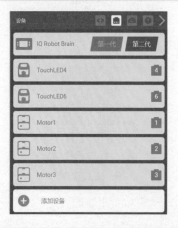

（2）程序

① 创建我的指令块（即子程序）。

第 4 章　VEX IQ 二代机器人经典案例　　263